U0162977

The Flying Daedalus

现当代建筑评论与研究丛书

飞翔的代达罗斯

The Flying Daedalus

青锋 著

中国建筑工业出版社

致：冯囡

目
录

前　言

这是一本建筑评论文集,收集了我 2016-2019 年之间完成的数篇当代建筑评论文章,讨论的对象都是新近完成的中国建筑师作品。这些文章此前都已经在《建筑学报》《世界建筑》《建筑师》《时代建筑》等杂志上发表过,非常感谢这些期刊同意在本书中使用它们。

将这些文章结集出版,是为了从一个侧面展现中国当代建筑发展的现状,尤其是在富有特色的个人创作上。中国很早就已经成为全世界建设量最大的国家,但是数量并没有直接带来质量的提升,对中国建筑设计品质的质疑一直不绝于耳。不过,这一状况已经在 2000 年以后开始有了转变,尤其是近年来,我们看到越来越多的优秀建筑作品不断出现,赢得了业界乃至国际建筑界的关注和赞誉。今天,当谈到全球当代建筑设计时,中国已经是必须提及的地区,这里有最庞大的市场,以及一批创作极为活跃的建筑师,当然更为重要的,是一系列富有内涵的建筑作品。这里收集的文章就是对这些作品的分析与阐释。

在文章写作前后,我与本书涉及的建筑师们有过较为深入的交流,了解他们的想法与工作细节。毫无疑问,是他们的专业素养支撑了中国当代建筑的活力。这也是本书选用了"飞翔的代达罗斯"作为标题,向他们致敬的原因。代达罗斯是希腊神话中的建筑师,他为米诺斯国王设计建造了迷宫,用于囚禁牛头人身的食人怪兽米诺陶。也是代达罗斯教会了阿里阿德涅,用红绳帮助忒修斯在杀死了米诺陶之后走出迷宫,一起逃离克里特。因为这件事情,代达罗斯与他的儿子伊卡洛斯受到了惩处。为了逃离,代达罗斯用蜡和羽毛制作了两对翅膀,父子二人得以飞离克里特岛。在飞往西西里的过程中,伊卡洛斯由于飞得太高,被太阳融化了翅膀,掉落在海中溺亡。代达罗斯保持了谨慎的飞行,最终成功抵达西西里岛,在那里他安度晚年。

在这个故事里,伊卡洛斯与代达罗斯的对比非常有趣。伊卡洛斯因为放任与冒进而招致了毁灭,而代达罗斯凭借折中与平衡而重获自由。他们戏剧性地展现了激进与和缓、极端与中庸、冲动与平静的差异,以及终结与延续的不同结果。这种对比与当代建筑的发展密切相关,因为在 2000 年前后,当代建筑理论曾经面临过一次类似的挑战。20 世纪最为激进的理论潮流,解构与批判分别将建筑理论导向了崩溃与绝望的边缘,在它们的驱动之下,建筑就像伊卡洛斯一样因为过于极端的立场而走入困境。塔夫里就曾经直接用伊卡洛斯称呼彼得·埃森曼，20世纪末期激进立场最典型的代表。而埃森曼自身所面对的心理挫折，或许是这种困境的另一种写照。

不过建筑并没有像伊卡洛斯一样消亡，21世纪初的建筑发展更像是代达罗斯，拒绝了过于极端的反抗与对立，在灵活的参与和协作中寻找创作的崭新契机。中国建筑师虽然没有参与这些理论交锋，但并不意味着完全置身事外，他们的作品是另外一种展现理论立场的途径。实际上，伊卡洛斯与代达罗斯的对比，已经以更大的尺度在中国当代历史上展现过。这个国家从革命转向了改革，并且已经持续了超过30年。几乎每一个中国人都认同，改革仍然是我们将要延续的道路。而众多中国建筑师的职业机遇，也正是来自于这种持续和稳定的改良。

因此，我们可以说当代中国选择了类似于代达罗斯的前进方式，同样的气质，也展现在中国建筑师身上。在他们之间，几乎不会听到有人想要颠覆"500年以来的传统"，也没有人声称他们的作品可以撬动整个社会。我们看到和听到更多的，是传统、材料、结构、地点、文化、价值与意义的讨论。这些都是建筑学的经典主题，似乎缺乏新意。不过，在看似平常的理论话语之下，所涌现出的却是令人惊异的一个又一个出色建筑作品。

中国的当代历史以及中国建筑师的当代创作似乎都表明了，这不是一个"范式转换"的革命时代，而是一个"平稳飞行"的发展时代。在神话中，代达罗斯抵达西西里之后就将翅膀敬献给了太阳神阿波罗。但实际上，他完全可以再次使用翅膀，不是为了逃离，而是为了开拓与发现。这也是本书对中国建筑师的期许，他们能够以典型的中国方式继续飞翔，继续展现丰富和深厚的建筑可能。

Preface

This is a collection of essays on architectural criticism written between 2016 and 2019. The essays discuss several projects recently designed by Chinese architects. All the essays have been published in journals such as *Architectural Journal*, *World Architecture*, *The Architect* and *Time+Architecture*.

The intention of this book is to present the development of contemporary Chinese architecture from my own personal angle, especially looking at new work that evokes interest. China has been the largest construction site in the world for a long time. But quantity does not equal quality. Doubts about the quality of Chinese designs are frequently heard.

Since 2000, the situation has begun to change. The quality of Chinese architecture is improving rapidly, and more and more buildings of exceptional quality are emerging. Today, China has become an indispensable part in the general image of world architecture. It has the largest market, a cohort of energetic architects, and more importantly, a series of outstanding architectures that has been noted worldwide. It is these projects that this book is about.

In writing these essays, I had personal conversations with the architects to understand their thoughts and methods of work. From their achievements, Chinese architecture gains strength and spirit. For this reason, I chose "The Flying Daedalus" as the title of this book, to show my respect for their accomplishments. In the Greek myths Daedalus was the first architect. He designed the labyrinth for King Minos to imprison the Minotaur, a creature with a bull's head and a human body. Daedalus also taught Prince Ariadne the way to get out of the labyrinth with the help of a red thread. In this way, Ariadne saved Theseus who killed Minotaur in the centre of the labyrinth. They then fled from the island of Crete. Daedalus and his son Icarus were punished for helping Ariadne. In order to escape, Daedalus devised two pairs of wings with feathers and wax. Together with Icarus, Daedalus flew to Sicily. Unfortunately, Icarus flew too high, too close to the sun. His wings melted, and he fell into the sea and drowned. Daedalus maintained a straight and level flight and finally reached Sicily where he enjoyed the rest of his life.

The fascination of this story is the contrast

between Daedalus and Icarus. The son's demise resulted from overindulgence and adventure, the father gained his freedom by making compromises and maintaining his balance. Daedalus and Icarus represent the contrast between radicalness and moderation, the extreme and the middle-way, being impulsive and being composed, with the accompanying outcomes of destruction and continuation respectively. This mythical contrast connects with contemporary architectural theory. There was a similar bifurcation around 2000 when the representatives of the most radical theories, deconstructionism and critical theory, pushed architectural theory to the brink of collapse and desperation. Driven by these extreme thoughts, architecture entered a dead end. There were no grounds for any theoretical structures (deconstructionism) and there was no hope in the near future (critical theory). Indeed, Manfredo Tafuri used the name, Icarus, to describe Peter Eisenman in their book, *Houses of Cards*. More than anyone else, Eisenman represented the most radical theoretical stance in late 20th century architecture. The difficulties that Eisenman experienced were probably another depiction of the impasse that architectural theory encountered at that time.

But architecture did not disappear as Icarus did. Recent developments in the early 21st century are closer to the attitude of Daedalus. Extreme resistance and negativity is no longer valued, architects searched for new opportunities in flexible cooperation and enthusiastic involvement. Chinese architects did not participate in these theoretical debates, but that does not mean that they had no relationship with them. Architectural works are manifestations of theoretical consciousness. Actually, the contrast between Daedalus and Icarus has been staged in the history of contemporary China. From revolution, this country turned to evolution. The Reform which started over 30 years ago is still ongoing. Almost all rational Chinese people agree that it must be continued in future. The wonderful professional opportunities that Chinese architects enjoy come directly from this evolutionary process.

Thus we could say that contemporary Chinese architecture has chosen the way of Daedalus. The same prudent temperament is present in the words of Chinese architects. There is no one claiming that a 500-year long tradition must be abandoned, and no one believes that the society could be changed fundamentally by architecture alone. What we witness are discussions about tradition, material, structure, place, culture, value and meaning. These are classic themes of architecture, and none of them is new. But behind these unremarkable words, extraordinary architectural qualities are continually emerging.

The history of modern China and the development of contemporary Chinese architecture help to illustrate that this is probably not a revolutionary age of paradigm shift, but rather an evolving time of steady flight. In the myth, Daedalus devoted his wings to Apollo. But he could have used the wings to fly again, not for evasion, but for exploration and discoveries. This is the wish that this book sends to Chinese architects. Their Chinese way of flight should continue, to further disclose the rich and thick possibilities of architecture.

致

谢

感谢建筑师刘家琨、董功、张珂、张利、柳亦春、贺勇、李冀、王硕为这些文章的写作提供的资料与协助，他们同意本书使用他们所提供的照片，对本书的帮助极为关键。《建筑学报》《世界建筑》《建筑师》与《时代建筑》为这些文章的发表提供了协助，他们也慷慨地同意本书使用这些文章。本书的出版得到了清华大学建筑学院建筑系的经费支持，在此致以由衷的感谢。北京市"双一流"学科建设项目也为本书出版提供了经费支持，在此也致以诚挚的谢意。

还要感谢中国建筑工业出版社的编辑易娜，她的出色工作使这本书成为可能。布鲁斯·卡里博士为本书进行了英文校对，他的热情与专业一直令我深受启发。庄岳博士也提供了非常关键的建议，在此一并致以谢意。

Acknowledgement

I should like to thank Mr. Liu Jiakun, Dong Gong, Zhang Ke, Zhang Li, Liu Yichun, He Yong, Li Ji, Wang Shuo for the material and assistance they provided in the process of writing. These architects also permitted the use of the architectural photos which they own in this book. Journals including *Architectural Journal*, *World Architecture*, *The Architect* and *Time+Architecture* generously agreed to the re-publication of these essays in this book. The Department of Architecture in the School of Architecture, Tsinghua University, supported the publication financially. The book is also financed by the "First-class Discipline" Construction Project set up by the municipal government of Beijing.

I am also grateful of Miss Yi Na, the editor of this book in China Architecture and Building Press. Her outstanding work made the publication of this book possible. Dr. Bruce Currey from Scotland kindly helped to proofread the English text, his enthusiasm and academic insight are always inspiring, ever since we first met in 2003. Thanks are also due Dr. Zhuang Yue, a valuable friend, who gave significant suggestions.

English Introduction

A Hotpot Consumer

——A Review of the Architectural Design of the West Village in Chengdu

The West Village is one of the largest public projects of Liu Jiakun, a renowned architect based in the city of Chengdu in south-western China. The project has nothing to do with a village, the name came from the client's intention to make it comparable with the East Village of New York. In contrast to the nostalgic vision of a village, the project is actually a mega-structure that occupies a whole street block measuring 200m by 150m. The new structure enclosed the three sides of the rectangular block, leaving one side for an existing building and two huge ramps that lead to the walking path on the roof.

An enormous court yard in the center is probably the only element that has any similarity to a village. Liu Jiakun inserted lots of bamboos, benches, walls and sports fields into the yard, making it an interesting public space inside the dense urban fabric. An unexpected result is that the client has to close the ramps because they found that thousands of residents flooded into the ramps after dinner – a typical habit for people in Chengdu. It really scared them, worrying that some accident might happen as people were running along the narrow foot path on the roof. Nevertheless, the yard became one of the most popular places in the city of over 10 million people.

A strong will to leave everything as it is explained the brutalist characteristic of the exposed raw concrete and blocks. The latter are made of debris recollected from the ruins caused by the 2008 earthquake. Such a strategy can also be demonstrated in the direct display of hundreds of restaurant and shops on the facades facing the internal court. One can imagine how messy and spectacular the scenery is, especially in the evening when all shops competed with neon lights. The whole structure is like a hot pot-a kind of cuisine for which Chengdu is famous for. All kinds of materials are thrown into the boiling spicy soup, and people enjoy the pleasure of picking anything they want from the "chaotic" mixture. A similar realistic attitude lies behind these phenomena. It is a stance that refused to idealize or simplify the real complexity. Instead, it chose to glorify the richness of everyday life, without the judgement of good or bad. Someone may accuse such enjoyment of ordinary life of lacking authenticity. But as Friedrich Nietzsche said, both appearance and essence, illusion and truth are needed for human survival. The West Village made this

point sharper with its extraordinary scale,
richness, and roughness.

This essay was originally published in *The Architect,* 2016(04).

Bird view, West Village
(Photo taken by Arch Exist
Used by permission of Jiakun Architects)

Sports field, the West Village

(Photo taken by Arch Exist

Used by permission of Jiakun Architects)

Courtyard, West Village
(Photo taken by Arch Exist
Used by permission of Jiakun Architects)

External stair, West Village
(Photo taken by Arch Exist
Used by permission of Jiakun Architects)

News from Somewhere Called Zhang Wu

Zhangwu is a small rural town in Zhejiang Province in eastern China. Dr. He Yong, a professor of Architecture in Zhejiang University designed several buildings in various villages of Zhangwu. These include a trash recycling station, a public toilet, a bus station, a retail pavilion and a teahouse. The peculiarity of these projects is the interesting combination of classic architectural ideas with local features. For example, Dr. He gives the toilet strong light and colours as in Luis Barragán's work. He also incorporated pure geometric symbolization in the small retail pavilion which enjoys a strategic location in the village as does the Acropolis in Athens. The fascination of these projects for He is the rich context, both natural and human, that Zhangwu provided. It enabled him to adopt quite different strategies in the designs of different projects. From the most utilitarian trash recycling station to the most cultural tea house, He Yong built a range of projects that cover many aspects of contemporary village life in Zhejiang Province. Besides architectural quality, it is interesting to see how a small village has evolved with the help of an architect.

The old image of the underdeveloped countryside of China is gone. Small towns like Zhangwu represent an ideal of Chinese life to some extent. Its unpolluted natural environment, the tradition of handicrafts, the long lasting teaching of Confucius, and the rising economic strength, all constitute a more harmonious settlement between mountains and rivers. It reminds us of the utopias that William Morris described in his *News from Nowhere*, except Zhangwu is a real town. Rural architecture is a new focus for Chinese architects. The continuous works of He Yong demonstrate that there is no gap between the so called mainstream architecture and works on the periphery in rural China.

This essay was originally published in *Journal of Architecture*, 2016(08).

Roof light in the public toilet of Zhangwu bus station
(Photo provided by He Yong
Used by permission of He Yong)

Waiting hut of Zhangwu bus station
(Photo provided by He Yong
Used by permission of He Yong)

Traditional Gallery in the town of Zhangwu
(Photo provided by He Yong
Used by permission of He Yong)

Retail kiosk in Wuwen Village
(Photo provided by He Yong
Used by permission of He Yong)

Moon window of the retail kiosk
(Photo provided by He Yong
Used by permission of He Yong)

Vegetable harvesting resort in Shangwu Village
(Photo provided by He Yong
Used by permission of He Yong)

You Are Embarked

——Metaphors and Meanings of the Captain's House

The Captain's House is a renovation project finished in 2016. It is located in a small fishing village on Huangqi peninsula in Fujian Province in southern China. The old house is situated on a rock, facing the Pacific Ocean to the east. Due to architectural defects such as leakage, the old structure was in a dilapidated condition. Dong Gong, the founder of Vector Architects, was commissioned to renovate and enlarge the old house. The son and the daughter intend to present the new house as a gift to celebrate the retirement of their father, the captain of a fishing boat.

There are many distinctive attributes of this work. First, the formation of the rock rising out of the sea is breath-taking. It became the foundation of the Captain's House. But, unlike most other projects, the foundation itself is completely revealed to the naked eye. It is similar to Casa Malaparte on the Italian island of Capri. Second, Dong Gong rearranged the rooms, contracting facilities such as the stair and bathroom in the center, leaving the major rooms on the periphery. Each room is given either a huge window or a balcony, which provides a direct view of the sea, a feature the client demanded. To cope with typhoon damage, Dong Gong introduced extruded window frames. They could prevent heavy rain from flowing into the window along the external wall.

The most attractive innovation is the third storey added on the top of the old house. It is a complete barrel vault with one window extruding out of the curved roof. A sense of centrality and modest monumentality came along with this new element. It manifestly strengthens the geometrical integrity of the house, and the orientation of the whole structure towards the ocean. Inside it, DONG Gong set up a mezzanine on the back, recalling the Maison Citröhan prototype that Le Corbusier proposed in 1920. It is hard to resist the temptation to regard it as a metaphor for a boat. Besides the connection with Le Corbusier, we can also see it as a kind of nave, whose etymology includes the meaning of a boat.

This is a unique boat, a boat resting permanently on the shore. As a perfect indication of the retirement of the captain, Dong Gong's design also transmits the temperament of peace and quietness to other audiences. It reminds us of a story Erasmus recorded in his *Adagia*. A business man refused to venture to sea for extra profit, enjoying the peace and sunshine on the coast. It is a story about the choice between gain and loss, desire and indifference, action and meditation. In this way the structure not only takes care of the captain's family, it also speaks to everyone, because as Blaise Pascal argued in his *Pensées*: "You must wager. It is not optional. You are embarked".

This essay was originally published in *Time+Architecture*, 2017(03).

The Captain's house in the village
(Photo taken by Xiazhi
Used by permission of Vector Architecture)

Living room, the Captain's House
(Photo taken by Chen Hao
Used by permission of Vector Architecture)

Facade, the Captain's House
(Photo taken by Xiazhi
Used by permission of Vector Architecture)

The daughter's room, the Captain's House
(Photo taken by Chen Hao
Used by permission of Vector Architecture)

Vault, the Captain's House
(Photo taken by Chen Hao
Used by permission of Vector Architecture)

Window projecting out of the vault, the Captain's House
(Photo taken by Chen Hao
Used by permission of Vector Architecture)

Around the Ramp

——A Discussion on the Design of Aranya Idea Camp

A continuous ramp covers the whole building, which is a vocation camp for children. It is a new project by Zhang Li, an architect from Beijing, and also a Professor of Architecture at Tsinghua University. The ramp rises and descends, creating changing relationships with the rooms beneath it. In the fore court, the columns supporting the ramp form a colonnade reminiscent of cloisters. In the back, a small inner yard is created by surrounding rooms. Children can see their mates directly across the court. It brought an intimate community atmosphere to the camp.

The original plan was to install various game facilities on the ramp, turning it into a special playground. In the end, nothing was installed, leaving the ramp as an empty high way hanging in the air. Walking on the ramp, one feels like a kind of pilgrim. The pure concrete surface gives it an ascetic characteristic. It is these diversified experiences that made the Aranya Idea Camp a unique design in Zhang Li's works. He always emphasizes the centrality of a driving idea behind the whole design. In the Idea Camp, the domination of the idea is largely loosened, accidents and coincidences play significant roles. This clearly inputs more flexibility into Zhang Li's design.

The ramp connects quite different features into a whole. It is a typical folding elements that maintain a balance between unity and diversity. Zhang Li adopted lots of classical modernism vocabularies in this project. With the help of the ramp, they achieve a coordinated coexistence with ancient and vernacular motifs. It demonstrates Zhang Li's consciousness in the redevelopment of modernism in contemporary China. As most Chinese architects have taken an approach that prioritizes moderate innovation rather than radical revolution, traditions, including modernism, are central in current practices, as exemplified in this project.

This essay was originally published in *Time+Architecture*, 2017(11).

On the ramp, Aranya Ideas Camp
(Photo provided by Team Minus Architecture
Use by permission of Team Minus Architecture)

Below the ramp, Aranya Ideas Camp
(Photo provided by Team Minus Architecture
Use by permission of Team Minus Architecture)

Inner courtyard, Aranya Ideas Camp

(Photo provided by Team Minus Architecture

Use by permission of Team Minus Architecture)

Interior, Aranya Ideas Camp
(Photo provided by Team Minus Architecture
Use by permission of Team Minus Architecture)

Children walking out of the camp, Aranya Ideas Camp
(Photo provided by Team Minus Architecture
Use by permission of Team Minus Architecture)

The Architect as A Weaver

——Discussions on the Design of the Valley Villas at the Foot of Changbai Mountain

Situated in woods along a meandering creek, the Valley Villas at the Foot of Changbai Mountain are a project designed by Origin Architect in 2014-15. Echoing the presence of dense trees, the curving stream and changing territory, the villas adopted a branch like typology. Different functions are allocated to different branches, which converge roughly in the centre. Such an additional strategy allows the villas to adapt into the narrow sites among heavy restrictions. Variations in the heights of different branches enriched the formal diversity of these one-floor structures. Indigenous volcanic rocks were used to enclose the external walls, forming a sharp contrast with the sleek wooden interior.

Although a unique project in the profile of Li Ji, the principle architect of Origin Architect, the Valley Villas exemplify Li's design philosophy – Weaving. Borrowing a notion from Frank Lloyd Wright, weaving describes a design concept that prioritizes the significance of parts, of things whose essence is not completely controlled by the whole. An apparent picturesqueness is a direct result of this approach. It could also lead to a clear tectonic representation and a richness of materials as in the case of Li's other projects, such as the renovation of a printing factory in Beijing. A more radical example is the pavilions built in Nonggang Forest Park. Li literally wove natural tree branches to form a wooden nest for visitors. It was precisely this weaving strategy that helped to sculpture the organic identity of Origin Architect.

This essay was originally published in *Times+Architecture*, 2018(02).

Bird view in the winter, the Valley Villas
(Photo provided by Origin Architect
Used by permission of Origin Architect)

Main volume floating above the ground, the Valley Villas
(Photo provided by Origin Architect
Used by permission of Origin Architect)

Night view, the Valley Villas
(Photo provided by Origin Architect
Used by permission of Origin Architect)

Building in the woods, the Valley Villas
(Photo provided by Origin Architect
Used by permission of Origin Architect)

Roof light, the Valley Villas
(Photo provided by Origin Architect
Used by permission of Origin Architect)

Interior, the Valley Villas
(Photo provided by Origin Architect
Used by permission of Origin Architect)

Re-sculpturing Perceptions

——A Discussion on the Design of the Stage of Forest

At the top of a ski resort in northern China, Wang Shuo designed a small pavilion called Stage of Forest. It provides a stop to enjoy the view of Songhua Lake far away. The triangular shape of the pavilion derived from the line connecting the view point and the outer limit of vision on both sides. It is an interesting interpretation of the "visual pyramid" that Leon Battista Alberti discussed in *On Painting*. As Wang Shuo removed the vertex, connecting the two side lines with a short curve, a strong connection was established with Le Corbusier's notion of "visual acoustic". The two cases help to define the central theme of this small project, its highlighting of both visual and non-visual perceptions.

Various methods were taken to give the visitors an intensive feeling. Materials with strong textures, such as burned cedar board and raw concrete were used to enhance tactile sensations. Wang Shuo strictly controlled light inside the project, creating a dramatic atmosphere around the stair. As the floor is paved with wood in some places, walking on the steps produces interesting sounds reverberating between the walls.

Most impressive is the view one obtains on the top floor. A pure rectangular frame circumscribes the wonderful scene of mountains, lake and forest. The architect paid homage to Mies van der Rohe at this place. One would be surprised that so many nuances were layered in this small pavilion. But when contextualized in the works of Wang Shuo, the Stage Forest indicates a significant transformation of this young architect. His heavy reliance on modernism characteristics is fading away, a more phenomenological approach is gradually manifesting.

As a simple structure, the Stage of Forest underlines the rich possibilities of this approach. It makes one curious about the next design of the representative of a younger generation of Chinese architects.

This essay was originally published in *World Architecture*, 2018(03).

View from the ski track, the Stage of Forest
(Photo provided by META-Project
Used by permission of Songhua Lake Resort)

View from the back, the Stage of Forest
(Photo provided by META-Project
Used by permission of Schran Image)

Night view, the Stage of Forest
(Photo provided by META-Project
Used by permission of Schran Image)

Interior stair, the Stage of Forest
(Photo provided by META-Project
Used by permission of Schran Image)

The view frame, the Stage of Forest
(Photo provided by META-Project
Used by permission of Schran Image)

Open room on the top floor, the Stage of Forest
(Photo provided by META-Project
Used by permission of Schran Image)

Two Projects of Zhang Ke

These are two projects designed by Zhang Ke, an architect from Beijing, and the laureate of the 2017 Alvar Aalto Medal. One of them is Niang'ou Boat Terminal in Linzhi in south-eastern Tibet. The other is an office building for Novartis in Shanghai.

The Tibetan project responds to the harsh natural environment by using indigenous rocks. The boat terminal is mainly a linear structure. It is created as a zigzag way imbedded into the mountain slopes. Zhang Ke refrained from further designs. He intended to make the building primitive and simple, as if it is an ancient structure stripped of any detail by the passage of time. Walking along the winding route defined by the stone roof, one has an experience close to that of the pilgrimage around the sacred mountains made by common Tibetan people. Strength comes with the ascetic quietness of the mass and the thickness.

In this regard, the Novartis building is in complete opposition to the boat terminal, because lightness is the dominating theme in this urban project. Considering the client's background as a pharmaceutical company, it seems appropriate to use the metaphor of a cell to organize the plan. Zhang Ke inserts fixed functions such as toilets and stairs into several irregular cells scattered on the floor.

Cells are also present in the garden on the ground floor. A positive result comes from the dynamic spaces around the cells, which bring lots of variations into the stereotyped frame structure.

The two projects illustrate the main tendencies in the works of Zhang Ke in recent years. On the one hand are the high-profile commissions coming from urban clients, on the other hand are the rural projects mainly based on voluntary contributions. At both ends, Zhang Ke reached some form of extreme. This is probably why his designs have aroused strong interest in the international discussion on contemporary architecture.

This essay was originally published in *World Architecture*, 2018(10).

Boat terminal by the river, Niang'ou Boat Terminal
(Photo taken by Chen Su
Used by permission of ZAO/Standard Architecture)

Residential part at foot of the mountain, Niang'ou Boat
Terminal
(Photo taken by Wang Zilin
Used by permission of ZAO/Standard Architecture)

Inner courtyard, Niang'ou Boat Terminal
(Photo taken by Wang Zilin
Used by permission of ZAO/Standard Architecture)

Roof terrace, Niang'ou Boat Terminal
(Photo taken by Wang Zilin
Used by permission of ZAO/Standard Architecture)

Glass wall, Novartis office building
(Photo provided by Standard Architecture
Used by permission of ZAO/Standard Architecture)

Garden on the ground floor, Novartis office building
(Photo provided by Standard Architecture
Used by permission of ZAO/Standard Architecture)

Corridor in the garden, Novartis office building
(Photo provided by Standard Architecture
Used by permission of Standard Architecture)

Spiral stairs, Novartis office building
(Photo provided by Standard Architecture
Used by permission of Standard Architecture)

Prometheus and the Herb Collector

——A Discussion on the Design of Alila Yangshuo Hotel

Dong Gong, the founder of Vector Architects, is known by most people for his 2015 project, the Seashore Library of Aranya community in Hebei Province. Standing lonely on the beach, the library illustrates a Promethean stance towards the unlimited presence of the sea. Quiet and resolute, it embodies the strength of human will, even facing the uncontrollable sea.

Not known by many people, there is another project designed at the same time. In 2018, the project finally opened its doors to customers. It is the Alila Yangshuo Hotel in Guangxi Province in southern China. The hotel evolved from the renovation of a sugar mill dating back to the 1920s. Most of the old structures were kept, with their typology strictly respected in the new additions. To avoid disturbing the picturesque scene of mountains and river, for which Yangshuo was known around the country, Dong Gong moved the main volume, the new block of hotel rooms, to the side, leaving the factory intact in the middle. An axis connects the factory structures with mountains and the Li river. A water piazza and a swimming pool were placed on it.

The characteristic of this project is defined by its refined details. Dong Gong introduced many new features, such as the caves in the hotel room block, the double corridors, the hollow concrete block walls, and the curving plates made of bamboo. All of them originated in resonance with the environment and the vernacular tradition. Gracefully integrated into the unspoiled site, the Alila Yangshuo Hotel exemplifies the virtues of herb collectors who search for healing plants deep in the mountains of northern Guangxi. They know what is valuable, they cherish them, collect them and work patiently to preserve their medicinal elements. Always paying respect to the gifts of nature, they strictly follow the moral law of modesty and humility, seeking continuous harmony with the given.

In this sense, the attitude of the herb collectors constitutes the opposite of Prometheus. The Alila Yangshuo Hotel revealed another side of Dong Gong, an architect with great sensibility.

This essay was originally published in *Time+Architecture*, 2019(01).

Bird view, Alila Yangshuo Hotel
(Photo taken by Chen Hao
Used by permission of Vector Architecture)

Northern facade, Alila Yangshuo Hotel
(Photo taken by Su Shengliang
Used by permission of Vector Architecture)

Reflecting Pond, Alila Yangshuo Hotel
(Photo taken by Su Shengliang
Used by permission of Vector Architecture)

Water garden, Alila Yangshuo Hotel
(Photo taken by Chen Hao
Used by permission of Vector Architecture)

Swimming pool, Alila Yangshuo Hotel
(Photo taken by Chen Hao
Used by permission of Vector Architecture)

Corridor, Alila Yangshuo Hotel
(Photo taken by Chen Hao
Used by permission of Vector Architecture)

Folding bamboo plates, Alila Yangshuo Hotel
(Photo taken by Chen Hao
Used by permission of Vector Architecture)

Whispers behind the Wall

——A Discussion on the Design of Taizhou Contemporary Art Museum

Situated in a group of warehouses built in the 1960s, the Taizhou Contemporary Art Museum is the undoubted center of the whole campus of a cultural and creative park. This is the latest project of Liu Yichun, one of the founders of Atelier Deshaus, an architectural firm based in Shanghai. The museum is not only the tallest building in the area, it also stands as the facade of a small plaza which provides a much-needed public open space in the dense fabric of old structures.

The architectural vocabulary is extremely heavy and thick, as the architect uses massive row concrete all over the building. A strong Romanesque temperament was created by the presence of continuous barrel vaults, which covered the ceilings of major exhibition halls. Not necessarily an indication of medieval characteristics, these vaults actually originated from Liu's strong interest in materiality and structure, a theme that repeatedly appeared in recent projects of the Atelier Deshaus.

Referring to the theoretical discourse on structural materiality and tectonics, Liu Yichun used the Chinese word *Jiagou* to emphasize the ontological meaning inherent in structural elements. The Romanesque inclination of this structure is a manifestation of this understanding. Monumentality and mystery arrive with the construction of thick barrel vaults and impenetrable walls. Liu also used the concept of *sachlichkeit* to express this concern for the essential meaning of things. Heidegger's elucidation of the notion of "things" philosophically explained why there is profound depth behind the presence of simple materiality. By intentionally establishing the connection between his own practice and these theoretical reflections, Liu Yichuan is able to extend architectural exploration into a new area that deserves serious attention.

This essay was originally published in *Time+Architecture*, 2019(05).

View from the back street, Taizhou Contemporary Art
Museum
(Photo taken by Tian Fangfang
Used by permission of Atelier Deshaus)

Plaza in front of the building, Taizhou Contemporary Art
Museum
(Photo taken by Qing Feng
Used by permission of Qing Feng)

Vault on the facade, Taizhou Contemporary Art Museum
(Photo taken by Qing Feng
Used by permission of Qing Feng)

Night View, Taizhou Contemporary Art Museum
(Photo taken by Tian Fangfang
Used by permission of Atelier Deshaus)

Exhibition hall, Taizhou Contemporary Art Museum
(Photo taken by Tian Fangfang
Used by permission of Atelier Deshaus)

Exhibition hall on the top floor, Taizhou Contemporary Art
Museum
(Photo taken by Qing Feng
Used by permission of Qing Feng)

Entrance hall, Taizhou Contemporary Art Museum
(Photo taken by Tian Fangfang
Used by permission of Atelier Deshaus)

吃火锅的人

——成都西村大院设计评述

图 1　西村大院内院，存在建筑摄，家琨建筑事务所提供

每隔几分钟，一架降落中的客机就会飞过西村大院（以下简称"西村"）的上空，轰鸣声占据户外每个人的耳膜。位于航线之下的建筑似乎都难以逃脱这种境遇，但是在刘家琨所设计的这座建筑中，这种感受格外强烈。与周围小区中林立的楼房所限定的视野不同，西村围合出一片庞大和完整的天空，让你的视线能够在轰鸣声中追随客机缓慢地划过整个视野（图 1）。城市中飞行航道的干扰并不少见，但在通常情况之下只是被视为噪声而被刻意地忽略掉。但是在这里，你很难再去忽略飞机清晰可见的底部与压迫性的低频声场。更奇妙的是，你甚至会不由自主地抬起头去主动地接受飞机的影像与声音，仿佛心甘情愿地被这个飞行器所制造的知觉效果所征服。18 世纪的西方思想家把这种臣服所带来的体验称为"崇高感"（sublime），在成都这样舒适而惬意的城市，这似乎是很遥远和陌生的理念。所以，只有当第一架飞机飞过头顶，我才真切地"感受"到而不是"看"到西村的独特性。伴随着声音远去，视线从高密度城市中难得的大幅净空降到地平之上，聚焦在环绕四周的建筑体量之上，你会意识到，这种特殊的体验并不能仅仅归因于大院的空旷。更确切地说，建筑本身凭借它的尺度与体量，早已为"崇高感"的出现营造了氛围，只是飞机的出现让它变得更为鲜明。从天空回到大地，体验的性质并无根本性的变化，只是笼罩和统治我们的变成了四周环绕的建筑。

这并不是你在刘家琨的建筑中所能经常感受到的东西。从他早期的艺术家工作室、到鹿野苑、到建川博物馆再到胡慧姗纪念馆，人们熟悉的往往是建筑的强烈品质，如材质、路径、光线。但是在西村大院，这些元素似乎不再具有独断的控制力，反而是另外的一些东西在触动我们的感知。飞机是一条线索，引导我们在西村大院中挖掘刘家琨此前的作品中不曾有过的东西，或者是那些一直潜藏着，但是第一次变得鲜明的东西。

图 2　鸟瞰夜景，存在建筑摄，家琨建筑事务所提供

城市性

从某种角度来看，"西村大院"这个名字具有很强的误导性，因为它很容易让人联想起成都周边的"农家乐"。但如果跟随无人机的镜头在空中俯瞰它，就会意识到，西村几乎完全是"农家乐"的对立面（图 2）。建筑而不是植被占据了主导，方整的围合取代了乡村的柔性分隔，足球场而不是茶桌成为核心的休闲方式。西村大院超乎寻常的庞大尺度，以及对尺度毫不掩饰地展现，这是任何农家乐都不能容忍的。这些差异的根源在于，西村完全是一个城市构筑物，它不仅是刘家琨规模最大的城市项目，也是他最具城市性的作品。

城市性存在于这个项目的基因中。初识者很容易误认为"西村"得名于这里曾经存在的村庄。但事实上，"西村"从未存在过，恰恰是因为地块在城市中，所以业主希望建造一个特殊的村庄，成为城市中的异类。"西村"的名字还有另外一个来源——纽约。在纽约有一个著名的"东村"，是各种非著名音乐家、艺术家、自由职业者的聚集地，所以项目策划者希望在成都创造一个具有类似文化特质的场域[1]。但如果继续追索，就会发现，"东村"也不曾存在过，它从 20 世纪 60 年代获得这个称呼，只是为了与周围的贫民区加以区别。从诞生之时起，东村就已经是曼哈顿城市肌理的一部分。即使再往前，除了哈得孙河口印第安人的小村庄以外，曼哈顿岛上也没有其他什么村落，被库哈斯称为"西方文明最富勇气的预测行为"的 1811 年纽约规划从一开始就是在一片"未经占据的土地上"，为"幽灵般的建筑"与"并不存在的行为"所进行的[2]。东村不过是癫狂纽约的又一个幻象，而在数千公里之外的成都"西村"，这个幻象仍然在催生新的成果。只有城市才能产生这么奇妙的联系。

图 3 鸟瞰，陈忱摄，家琨建筑事务所提供

西村的业主是主导这一地区开发的贝森集团，附近大量商品住宅与写字楼产品均由他们开发。多年经营之后，周边已经形成了成熟社区，仅仅留下一块 230 米 ×180 米的完整街区，四周被完善的城市道路环绕，在规划中被设定为社区体育服务用地。在很长一段时间，这片空地被用作高尔夫练习场，唯一的永久性构筑物则是一座游泳馆。随后的规划调整给予业主更多的余地，可以建设一定量的城市服务设施，建筑容积率 2.0，覆盖率 40%，限高 24 米。面对如此巨大的场地，建筑师的首要任务被放大到对整个街区的处理，这已经处于建筑设计与城市设计的交界地带。

正是在这里刘家琨做出了决定性的选择——以线性的建筑体量环绕街区外沿，而街区内部留作空地，大院由此产生。这个决定并不是看起来那么顺理成章。通常建筑师很难抵御将自己的作品置于中心的诱惑，周围的场地可以服务于公众也可以成为建筑的从属领地。现代主义为这一倾向提供了潜在背景，比如"新建筑五点"，所涉及的仅有作为主体的建筑，而作为客体的场所、传统、他者均消失不见。对这些常常被忽视的"客体"的尊重，是刘家琨设计策略中极为重要的一环。在他的话语中这些元素被统称为"现实"，从而进入他一贯延续的"处理现实"的设计体系之中。在刘家琨过去的作品中，这一倾向鲜明地体现在他对建筑体量与场地关系的协调。最为典型的是南京中国国际建筑艺术实践展客房中心、四川美术学院新校区设计艺术系馆，以及蓝顶美术馆等项目。场地的向度与高差决定了体量的分散与错落，这是刘家琨在非城市环境中所乐于采用的方式。但是在城市环境中，控制权被让渡于场地外部的城市肌理，完工于 2013 年的水井街酒坊遗址博物馆是一个范例。同样的原则也在西村大院重现，只是客体替换成了完整街区的尺度与边界。在这片显乏味的城市环境中，这可能是最为鲜明的现实条件。建筑师这种布局的优点非常明确：有效利用边沿长度在限高之内消化建筑面积，最大限度挖掘沿街界面商业价值，维护中心绿地的完整与规模（图 3）。

俯视西村大院的平面，巨大的街区、严整的边界、四角的切削，很容易让人想起另外一个远方的城市——巴塞罗那。19世纪中期塞尔达（Ildefons Cerdà）主导了扩建区（Example）的规划，就像1811年规划塑造了曼哈顿，塞尔达的规划重新定义了巴塞罗那。在他的体系中，最具标志性的元素就是八边形街区。塞尔达将建筑布局在街区边缘，街区中心则留作空地。深受19世纪卫生改革运动的影响，塞尔达认为这种布局能够取得实用性、商业利益、城市景观、卫生绿化之间的平衡，是对欧洲传统密集街区的一种理性化改良。随后的历史证明，这种独特的街区体系成为巴塞罗那城市身份的核心元素。

不难看到，西村大院的格局几乎是塞尔达八边形街区的翻版。虽然规模大了很多（超过巴塞罗那典型街区的两倍），但切角、边缘建筑和内院等元素一应俱全。在巴塞罗那，地产价值的驱动很快导致了街区内院的侵蚀，从而背离了塞尔达理念中的花园要素。而西村几乎还原了塞尔达街区的理想原型，甚至是塞尔达曾经设想的，将街区的一边或者两边保持开放，在西村也更为接近于初始设想。这当然并不是说刘家琨直接借用了塞尔达的原型，而是想要说明，对城市街区的考虑在多大程度上决定了西村的状态，这就如同塞尔达对巴塞罗那所做的考虑一样。

不仅是形态，在功能上西村也呈现为对城市复杂性的响应。餐饮、办公、住宿、培训、购物、休闲、体育，城市生活中各类主要需求几乎都被容纳到西村之中。这填补了相邻地区城市多样性的空白，同时也是对该区域身份特征缺失的弥补。从这个角度看来，大院的称呼是恰当的。作为一种特有的聚落类型，中国城市中的大院往往是一个浓缩的小城市，有着独立的组织体系与功能配置。类似的，西村大院也在一个街区中纳入了一个小城市，它将周围街区中所匮乏的复杂性汇聚在街区边界之中。

图 4　屋顶与内院，存在建筑摄，家琨建筑事务所提供

西村并不是刘家琨第一个位于城市中的项目，但人们更熟悉的还是他在非城市环境中的作品。在相对独立的环境中，刘家琨善于将某些限定条件转化为特定的建筑语汇，比如材料质感、体量布局、落差层级。但是在城市中，一切都太熟悉、太正常，也太复杂，建筑师需要更敏锐和大胆的判断力来剥离出能够产生转化的城市元素。这往往比非城市环境更为困难，所以近年来才会出现"上山下乡"的热潮，建筑师们涌向乡村挖掘实践的素材。刘家琨实际上是最早拓展这条道路的人之一，但是在它成为热潮之际，他却回了城。西村超越他设计的其他城市性项目的地方在于，通过聚焦于街区这一典型的城市元素，刘家琨更准确地剥离出了城市中的现实线索，也实现了更高强度的转化表现。从这一角度来看，西村大院或许将在他的作品序列中占据一个极为重要的位置，它全面和充分地展现了他"处理现实"的策略如何在城市中得以实现。

语汇

西村项目的特殊性，会激发起观察者的兴趣，去找寻刘家琨采用了何种不同以往的、具体的建筑处理手段。出乎意料的是，这里新的手段并不多，随处可见的仍然是在他以往作品中已经呈现过的诸多现象。对于评论者来说，这是一个好事，相似性的持续可以让一些假设得到进一步的验证。

离开城市尺度，回到建筑元素的范畴，"大院"的概念起到了联系两者的双关作用。一方面是上节谈到的城市意义上的"大院"，一个内聚和完整的缩微城市。另一方面是作为建筑类型的"大院"，以院落为中心组织作为边界的建筑体量，中国各地都有这种类型的民居形态，在四川也不例外，相比于城市"大院"，建筑"大院"尺度要小得多，但是形态特征要强烈得多。

图5　在竹林广场看坝坝电影，存在建筑摄，家琨建筑事务
所提供

西村充分利用了这两种"大院"的相关性，完成了从城市到建筑过渡。站在大院内部，建筑与作为建筑类型的"大院"之间密切的亲缘关系一目了然。除去坡道所占据的北边，项目主要建筑体量形成了三边围合的态势，这是四川农村民居的典型格局；三边建筑的立面采用了统一的建筑语汇，出挑的阳台与屋檐也符合民居建筑的挑檐特征；主要建筑体量的屋顶向内院稍微倾斜，强化内聚性的同时呼应传统坡屋顶的类型要素；屋顶再生砖搭建的"小花盆"阵列重现了瓦楞的排布肌理，也更适应西村大院放大的尺度；大院内大量的绿植与小品切割，缩小了场所尺度，塑造出更接近于乡间小院的活动场景（图4、图5）。设计者对于类型操作意图非常明显，在家琨建筑提供的设计说明中，这被描述为"当代手法、历史记忆"的理念[1]。

我们更感兴趣的，是类型操作在刘家琨作品序列中的位置。只需简单浏览，就可以发现刘家琨建筑语汇中一个明显的转变。从2007年四川安仁建川博物馆"文革之钟博物馆"开始，经典类型开始越来越多地出现在他的作品成分中。建川博物馆中的拱与光庭，南京中国国际建筑艺术实践展客房中心、胡慧姗纪念馆、水井酒坊遗址博物馆、西来古镇榕树片区沿河增建中的双坡顶小屋，再到西村的院落与形态。如果与刘家琨早期的艺术家工作室、鹿野苑、四川美术学院雕塑系教学楼等项目相比，他脱离现代主义抽象语汇的统一性，更为主动地吸纳传统类型元素，甚至让其成为主导要素的倾向很难被忽视。实际上，这种转变在中国当代建筑中是一种普遍倾向，在其他建筑师如王澍、大舍、李兴钢的近期作品中也可以清晰地看到。把这种倾向概括为20世纪50~60年代经典现代主义转向后现代主义与新理性主义这一历史事件在中国的滞后显现，虽然过于粗暴和简单化，但也还有一些合理性。至少对经典现代主义语汇的不满以及对类型元素丰富文化内涵的重新承认，是中外两个不同时期所共有的。它们实际上是对同一个问题的反应，抽象形式语言的自我束缚所带来的贫瘠。马列维奇的至上主义是最极端的例证，当抽象到极端，彻底的自由也等

图 6　竹胶模板肌理，存在建筑摄，家琨建筑事务所提供

同于彻底的虚无。而当你对这个虚无的抽象世界感到厌倦，就会回到具体的现实之中，接受现实的不纯粹、不自由、不理性以及随之而来的丰富性。因此，我们不能把刘家琨与其他中国建筑师的这一转变描述为迟到的后现代主义或新理性主义。超越风格话语之上的，是对建筑语汇根本来源的成熟反思。相对于经典现代主义的抽象，刘家琨的"处理现实"与文丘里的"现实主义"在类型使用上有着类似的诉求 [3]。

另一个具有延续性的现象，是西村大院的"粗野"。这里所指的粗野，当然是指与新粗野主义（New Brutalism）相关的一系列建筑特征，如粗糙的表面、裸露的结构、大尺度的构件、不加修饰的管线等等，其中最具有标志性的是粗模素混凝土的使用。在西村这些特征随处可见。竹胶板素混凝土给人强烈的视觉印象，竹条交错留下的凹凸纹理覆盖了大量的柱、梁、顶、楼梯、坡道的表面，纹理的密度可能会让有密集恐惧症的人望而却步（图 6）。建筑主体采用 9 米宽的柱网体系，除了部分服务性与交通设施外，内外侧均采用通高落地窗作为室内外分隔，贯穿上下的支撑柱清晰可见。因为采用了双向密肋结构，降低了楼板的厚度，也更强烈地凸显出楼板作为匀质片状构件的结构特征（图 7）。在大多数地方，建筑采用了蜂巢芯盖板填充密肋梁空洞，形成一道平整的顶面。主要的管线均紧贴顶面悬挂，未加任何掩饰。建筑师显然刻意彰显了结构的尺度，坡道部分高达 20 米的密集支撑柱（图 8），内侧立面上蛇形蜿蜒的混凝土楼梯（图 9），以及被有意扩大到 2.1 米的结构缝，西村为刘家琨提供了一个绝佳的机会展现他对"巨构"（Mega structure）的兴趣。在一次建筑论坛上，彼得·库克（Peter Cook）爵士听到了刘家琨对西村的介绍，并且就此发表了即席演讲。不难理解他为何会对这个项目情有独钟，建筑电讯派（Archigram）的巨构梦想并未随着时光流逝而失去它的力量。

图 7　底层入口及藻井，存在建筑摄，家琨建筑事务所提供

图 8　交叉跑道，存在建筑摄，家琨建筑事务所提供

图 9 西侧山墙

这些粗野特征属于那个为人熟知的刘家琨。粗模混凝土曾是他低技策略的核心特征，在他早期的艺术家工作室与鹿野苑中成为典型的刘氏语汇。此后的项目中砖砌体开始越来越多地出现，粗糙的表面肌理以及不加掩盖的暴露是它与素混凝土所共有的特征。纵观刘家琨近年来的完成项目，这两种材料几乎成为主旋律（leitmotif），不断重现，无论是在乡村还是城市中，西村可以说是这一倾向迄今为止最彻底和最强烈的表达。原本就很粗野的元素，在西村变得更为直接和粗暴。出现在闹市之中的这些现象，显然不能再用低技策略去解释，更为合理的是承认它们是刘家琨既有材料逻辑的自主选择。

为什么会是这样？与上节对类型的分析类似，把西村等同于"新粗野主义"的再现也是半对半错的。如果视之为风格的嫁接模仿就是错的，但如果视之为对同一问题的类似解答也许就是对的。不同于班纳姆（Reyner Banham）将新粗野主义中定义为突出功能、材料的一种特殊的视觉呈现 [4]，斯卡尔伯特（Irénée Scalbert）认为这种风格化的解读忽视了新粗野主义与让·杜布菲（Jean Dubuffet）的"粗野艺术"（art brut）理念之间的关系，联系两者的纽带是同样的反形式、反传统审美、反常规的立场，以及用来替代形式美学的，对现实中现成之物（as found）的呈现。以此为根据，我们可以将新粗野主义与康的作品区分开来，虽然都强调裸露的结构与材料，但是康对秩序、对形式、对纪念性的刻画是新粗野主义所不能接受的，对于他们来说，形式只是一个并不那么重要的副产品，真正的驱动力不是建筑师的美学倾向，而是现实所决定的事物的本来面貌，就像在"生活与艺术平行"（Parallel of Life and Art）展览中所呈现的那样。[5]

刘家琨"处理现实"的原则中也蕴含着同样的动机。对"此时此地"的强调也就是对任何先入为主的或普遍适用的形式、架构、解决方案的拒绝。这需要压制建筑师作为"设计者"试图将个人

意志强加给质料的趋势。因此有必要保持事物的原始状态，展现它被发现时的样貌，而不是被设计后的样貌。从这个意义上看，新粗野主义与西村的相似性来源于近似的理论立场，这并不是说它们没有特定的形式特征，只是说这些特征仅仅是衍生结果，更为重要的是出发的动机。这种现实主义立场实际上是现代主义运动中一直存续的思想遗产，"让我们废除学派！（连柯布学派、维尼奥拉一块，我恳求你们！）不要公式、不要手法……在一百年的时间里，我们将不再谈论风格"[2]。勒·柯布西耶的话仍然是其最有力的写照。但历史证明，风格理念的便利性与可操作性在任何时代都是难以抵抗的，先锋的探索中那些难以被理解的思索常常被弃之不顾，残留下的成分被固化为形式，被无数人轻易地拷贝和挪用。这或许可以解释，为何在数十年后，仍然有必要以粗野的方式再次重申对现实的尊重。

一个有趣的现象是，上面谈到的两种建筑潮流，以类型为基础的后现代主义与新理性主义，以及拒绝修饰的新粗野主义，虽然在形式特征上大相径庭，但曾经被人称为具有"现实主义"倾向。这实际上印证了我们此前的论断，形式只是次要的派生结果，起到决断作用的是出发的基点，也就是对现成之物的发现。对于后现代主义与新理性主义，这个现成之物是民众的历史记忆，而对于新粗野主义则是材料、结构、管线的原始状态。这有助于我们理解在西村这两种倾向的并存，以及它们与刘家琨现实主义策略之间的关联。

除了这两点以外，另外一个引人注目的元素是由折返坡道，屋顶步道以及院内廊道组成的连续路径。这条长达 1.6 公里，平均宽度 3~4 米的路径主要用于散步和休闲健身（图 10）。对于整个项目来说，这条路径的存在是不可或缺的，它有效地削弱了街区边缘建筑体量的僵硬，以一道连续的线性元素将街区内各种不同类型的元素串联起来。这同样是刘家琨作品中的典型素材。何多苓工作室与鹿野苑中的插入式步道，南京客房中心、四川美院新校区、上海相东佛教艺术馆中顺台地转折起伏的行进路线，刘家琨很多作品中的戏剧性与丰富性就来自于路径与其他体量之间多变的关系。西村的这条路径在复杂性上并不及此前的项目，但是它无可匹敌的尺度与分量仍然轻而易举的成为刘家琨作品中存在感最强的一条路线。

还有其他易于辨识的刘家琨元素出现在西村，比如各种类型再生砖的大规模使用，"胡子筋"与栏板的结合[3]，还有大院内小尺度场地的精心设计。这些并不陌生的词汇，在西村结合成为一篇崭新的宣言。这要归因于尺度，当刘家琨选择外缘布局时，不仅对于总体格局是决定性的，对于具体的建筑语汇也是决定性的。街区尺度通过边缘堆积的体量获得强化，建筑元素也只能相应地强化来相互匹配。比较一下西村设计过程中立面刻画的不同方案，就可以看到这种设计逻辑[6]。过于琐碎和单薄的立面划分被全部舍弃，暴露出粗野和强硬的通长楼板，以一种近乎顽固的方式重申街区边界的延展。伴随着尺度的肆意扩张，那些熟悉的词汇在西村变得不再熟悉，西村仿佛是一个放大器，将刘家琨过往沉稳的声音急遽扩大，虽然并不尖锐，但是其厚重的强度甚至导向某种不由分说的压迫性。正是这种统治性建筑音场能够与空中客机的轰鸣产生共鸣，在进入大院之时，你已经成为建筑的俘虏，飞机的效应只是使你意识到自己的甘愿臣服。这让我联想起库哈斯在 AA（Architectural Association School of Architecture）的毕业作品，"出埃及记或者是建筑自愿的囚徒"（Exodus, or the voluntary prisoners of architecture），这两者之间的联系并不是偶然的。从《癫狂的纽约》开始，库哈斯对城市现实复杂性的兴趣就不曾动摇过，他对荒诞、对密度、对偶然性、对欲望的浓厚兴趣使他成为从后现代主义到批判建筑等一系列思想流派的对立者，而在他的羽翼之下，一个被称为"极端现实主义"的新派别甚至开始成为新的主流，"是就是多"（Yes is more）或许是对他们立场最通俗的概括[4]。西村是一个特殊的节点，它的城市背景，它与"东村"的虚拟关系，它不同寻常的夸张与极端，都是这种联系的明证。与前面的论述相同，这种联系与其说是语汇，不如说是对现实说"是"（say yes）的态度，现实主义不仅要放弃主体的独断，还需要放弃主体对现实的抗拒，甚至冷漠也是一种消极抵抗，唯有乐观、肯定与参与才是现实主义者的立场。我们不应被刘家琨平时凝重的表情所误导，批判、抗拒或者愤世嫉俗并不会出现在他的日常言谈或者作品阐释中。"极端现实主义"的身份往往通过与批判性的对立来竖立，而在刘家琨的例子上更容易解释，相比于绝大多数的西方人，中国人对"批判"及其后果的体验要深刻地多。

切入

对现实主义者的一种批评认为，他们并非真的关注现实问题，而仅仅是以现实为借口掩盖他们对形式的膜拜。相比于现实的复杂性，那些假借各种片面的分析与极端化所获得的新奇建筑形态其实是空洞和虚伪的，因为在华丽的表象之后并没有人们所期待的，对现实的切实改良。即使是库哈斯也未能完全摆脱这种批评，央视大厦就是一个例证，他所承诺的社会理想几乎都没有实现，最大的成果仍然是极端化的视觉形象。而在 MVRDV、B·I·G 等受到他直接影响的事务所的部分作品中，这种印象会得到进一步加强。

西村也需要面对同样的质疑，这取决于建筑能在多大程度上切入现实，怎样创造一个不同于既存体系的组织架构，带来差异化的行为模式以及更多可能性。如果"大院"要成为一个小城市，范式的重复是没有多少价值的，它应该是一个不同的城市，一个异托邦（heterotopia）。这是一个巨大的挑战，因为很多因素已经超出了建筑师控制的范畴，正是在这个意义上几乎所有建成的建筑都必然包含现实主义的成分，建筑师主体的独断与抗拒都不再是可能的选项。与它强烈的城市性相适应，西村在对城市现实的切入深度上也超越了刘家琨此前的作品。与现实的密切纠缠为这个项目带来另一种层面的复杂性。

其中一种纠葛与开放性有关。西村项目建成于 2015 年底，几个月后，一个关于"大院"的争议引发了社会性的讨论。缘由是新近发布的关于城市建设的文件提出要推广街区制，"原则上不再建设封闭住宅小区，已建成的住宅小区和单位大院要逐步打开，实现内部道路公共化"[5]。争论的焦点在于打开建成小区和单位大院是否有足够的法理支持，在物权利益必须清晰划分的市场经济条件下，边界的权威性已经无法被"良好意愿"轻易左右，无论是来自于上层还是下层。西村原本可以避免这种纷扰，因为在设计之初建筑师的意图就是一个开放的"大院"，在东西南三面都有宽敞的开口面向街道，市民可以由此进入大院，或者是沿着开放的楼梯随意进入上面的楼层。而最具有开放内涵的是长达 1.6 公里的步道，刘家琨希望提供一条散步的路径供市民游走，以行进的方式体验大院不同寻常的尺度与空间。为此，这条步道的不同位置分别设置了亭阁、观景台、长廊、廊桥、观景塔等小品，供人们休憩使用。如果完工晚几个月，西村几乎可以被树立为贯彻中央文件的典型：一个主动打开自己的大院。

建筑师的良好意图获得了积极的回应，在建筑完工之后，傍晚时分，会出现上千人在步道上休闲散步的热闹场景。然而，意愿与现实的冲突由此开始，作为产权拥有者与管理者的业主开始顾虑重重，这么大的人流安全如何保障？潜在隐患如何整治？如果有意外如何担责？设施损耗如何平衡？正如黛安·吉拉尔多（Diane Ghirardo）所指出的，私有商业设施在表面上开放都建立在对公共场所严密的监视、控制与行为准则限定之下 [7]。但是西村建筑师与业主都缺乏迪士尼世界或沃尔玛超市的经验，一条 1.6 公里长，延伸到 24 米高的屋顶上的无障碍步道，对于管理者来说几乎就是噩梦。于是，经营者提出为步道增设大门，将它完全封闭起来，彻底杜绝隐患。照此方案实施，西村又会不幸地变成反面典型，步央视大厦后尘成为被剥离了现实价值的图像装置。好在无论是建筑师还是甲方老总都不愿就此放弃当初良好的意愿，我们去参观时西村步道的入口被数个临时隔离墩阻挡着，不确定的边界是不确定的未来的写照。在安保部门负责人的陪同下，我们得以走上屋顶空旷的步道。突然，一个小孩从竖向楼梯的出口钻了出来，刚好穿过栅栏竖杆之间的狭窄缝隙，开始在步道上欢快地奔跑，最终消失在拐角。原来她是西村一位清洁员的孙女，一个美好景象的缩影，也是一条漏网之鱼。西村这条步道当下就处于这样一种模糊的领域，在社会愿景与产权责任的冲突之中互相拉锯。就在这篇文章完稿之时，刘家琨告诉我，最新的进展是业主们甚至拆除了北面坡道和艺术空间前的矮围墙，而管理方并没有反对，而是打算通过免费办卡的方式实现屋顶坡道的可控开放。估计没有人会想到围绕这条步道会有这么复杂的纠葛，步道串联的不仅是空间，也是空间中的行为、利益与职责，现在的结果肯定不会是整个故事的终点，我们对于这条步道还能折射出多么丰富的现实色彩充满好奇。

另一个类似的问题涉及个体与总体的关系。在西村的设计说明中，建筑师提到了"社会容器"的概念 [6]，这显然是构成主义"社会聚合器"（social condenser）理念的变形，而再往上追溯可以回到傅立叶、欧文甚至是更早的关于集体生活的乌托邦设想。而无论是构成主义的、勒·柯布西耶的、苏联的、还是中国 20 世纪 50、60 年代的"社会聚合器"建筑并未取得预想的成功，原因在于低估了社会的复杂性，尤其是个体的差异性与独立性。实际上，中国的单位大院才是更为成功的"社会聚合器"，它们能在集体与个体之间维持更好的平衡。西村大院的设计中，这种考虑的作用是策略性的。前面谈到，刘家琨刻意强化了西村的粗野性，明白无误地塑造出一个混凝土巨构，并且通过多种手段渲染结构难以抗拒的整体性与控制力。刘家琨非常清楚如此处理所带来的单一性，但这只是硬币的一面；在另一面，他希望以个体的自主差异性来进行补偿。建筑最多提供了一个骨架，还需要各个租赁单元的业主通过自发的填充来为它提供富有弹性的血肉。从室内开间到室外廊道与阳台，建筑师均有意留下大量的空白，鼓励租赁业主们去主动占据和诠释。理想状态下，西村这个社会容器能够达成一种可控的复杂性，让看得见的手与看不见的手相互协调，建筑师提供了前者，而后者则由使用者来充当。西村当下样貌中所渗透出来的未完成之感，来源于它仍然需要更多人的再度创作才能真正地完成，在那时，这会是比传统大院更具有当代性的"社会容器"。

从这一角度来看，西村提供的不仅仅是现实容器，它也是一个模拟器，将自由放任与集中管控的协调机制引入整个项目的建设与运作之中。这在原则上并不复杂，困难的是付诸实践，即使是在亚当·斯密的《国富论》中就已经清晰表明，这套体系的难点在于如何维持放任与管控之间的均衡，这实际上构成现代社会管理最核心的挑战。建筑在这一体系中的地位并不完全是被动的，杰瑞米·边沁（Jeremy Bentham）以他所构想的环形监狱（panopticon）为例证明建筑可以怎样帮助实现协调两者的最高效率。而环形监狱实际上是功利主义者管理整个社会的一个缩影。所以我们可以从另一个方向上领会西村作为"社会聚合器"的比喻，它将当代社会的一项重要的组织性特征聚合在建筑中，而建筑师与业主则需要担负起类似于政府的角色来达成对现实的协调，这里所需要的实践智慧并未包含在正统建筑知识体系之中。

在西村，与一位经营者进行了交流再一次向我们展示了意愿与现实之间的差距。这位经营者可以说是刘家琨这种设计策略下最理想的完成者。店铺经营者是一位画家，从事文化、休闲类经营活动，他本人对设计有着浓厚的兴趣，因此他在刘家琨粗犷的骨架中填充进去了以藤本壮介N-house 为原型的几个细腻和精致的白色小屋，室内氛围非常别致。这是个非常有趣的现象，因为从颜色、尺度到细节，一个藤本壮介式店铺可以说是刘家琨西村设计语汇的完全对立面。但它的存在，也恰恰是对刘家琨未完成设计策略的肯定，能够容纳这样的反对者，恰恰是对西村包容性与多样性的戏剧性表达。

但是，这位理想经营者并不认为西村当下的状态是理想的。一方面针对西村的商业运营，他并不认同运营方将西村作为一个整体来统一运作的设想，这似乎是在回到以前的大院体系，过度的集中性也意味着对个体经营者施加更多的压力与利益索取。另一方面是针对建筑本身，他认为西村边缘式布局以及面向周围街区的外廊式设计会造成大院内外过于强烈的分隔，因此来到店铺的人只能看到相对单一的街区外立面，而无法更全面体验大院内部的丰富内容，这对于经营者是一种资源的浪费。因此，一些经营者建议将各个店铺面向大院内部的阳台改造为内部的通廊，取消隔板，由此将消费人流引入大院内。然而在目前的状况下，各个店铺已经对各自的阳台进行了五花八门的使用，有的是茶座，有的是厨房，也有的就是杂物间，已然不可能再说服租赁者就此进行统一改造。恰恰与前一点相反，经营者所不满的是建筑与运营未能展现更强硬的管控，从而导致整体获益的损失。

这样的问题对于一个博物馆、茶座或者是学校的建筑师来说并不存在，但是对于一个"社会容器"的制造者来说却是真真切切的，毕竟他仍然需要众多经营者来帮助完成这个"大院"。作为现实主义者的代价是，借用弗雷斯特·刚普（Forest Gump）先生的比喻，当你打开一盒巧克力之前，并不知道里面是什么口味的，但是你仍然需要吃下去。汉斯·布鲁门伯格（Hans Blumenberg）

认为"吞噬"（swallowing）是所有现实主义最终极的比喻，吃掉一切，吞噬者也就拥有了一切，他也就成为了一切[8]。而在这个过程中，当然不能挑三拣四，因为这与最终成为现实等价物的理想相悖。西村也是这样一个吞噬者，不同于其他项目的精确聚焦，刘家琨在这个设计中"处理现实"的方式之一就是"吞噬现实"，它的五光十色、它的矛盾与冲突、它不可预见的解决方案，都得一块儿吞掉。这倒是非常符合成都人的"现实主义"态度，只要有一盆老汤火锅，似乎没有任何食材能逃脱被吃掉的命运。

在工作室访谈中，刘家琨也谈到了这两个问题的存在，以及他与甲方就此所做的协商与摸索。这不应该被看作是自找麻烦，我们很高兴这还仍然是一个探讨中的问题，而不是一刀切的解决方案。建筑师以乙方的角色操起了甲方的心，这是一个真正在吃火锅的人，而不是一个仅仅希望获得一张吃火锅照片的人。作为旁观者，我们也没有任何能力提出建议，在这些问题上马云或许比勒·柯布西耶更为权威。但我们赞赏刘家琨的真诚，"处理现实"的主动性还是在于"处理"，真真切切地处理，即使是汗流浃背也在所不惜。

结语：现象的赞美和颂扬

前文提到了彼得·库克关于西村的评论发言，刘家琨告诉我库克爵士所欣赏的是西村的各种常规功能与结构元素最终获得了一种纪念性的表达。当你站在合适的地点，一览整个大院内景的时候就会清楚库克爵士所指的是什么。连续的体量、粗壮的结构、漫长的步道、巨大的内院，在刘家琨规模最大的城市项目中，也出现了他的作品谱系里最宏大的场景。无论是在内院边缘还是内部，观察者都会有一种被囊括在整个构筑体系之内的感受。这实际上类似于在坐满观众的大型体育场

图 11　内院，方子语摄，家琨建筑事务所提供

中的体验，一个完整和封闭的空间，自己是一个观察者，但同时也是参与者（图 11）。球迷在现场的狂热，就来自于两种角色的融合，在排山倒海的呐喊声中，个体以集体存在的方式超越了自身，这或许是在当代社会中最接近于宗教的体验之一。因为类似的原因，当阿尔托在设想赫尔辛基的国家独立纪念建筑时，提出建造一座奥林匹克体育场，而不是一座纪念碑或者是雕塑[9]。在他看来，传统纪念碑所展现的社会功能在现代社会已经失去了"现实基础"，一座体育场本来就有巨大的尺度，通过体育赛事与庆祝活动，能够更直接地展现"将人民联合起来的理念"7。

西村确实很接近于体育场，街区边缘的体量构成了体育场的看台，每个租赁单元都配备面向内院的阳台如同包厢，步道显然是跑道的变形。大院中心的足球场常常都有比赛，而球场周围所设置的各种院落、场地与小品则是为节日所准备，它是城市庙会的理想场所。就像阿尔托所提议的，刘家琨将规划中的体育运动场地塑造成一个城市纪念物。这样一条线索可以帮助我们将此前的讨论串联起来，街区格局是对项目城市背景的直接肯定，也构成纪念性的体量基础；建筑手段的粗野与巨构特征有助于在纪念性的尺度中强化建筑的构筑性特征；对步道开放性以及租赁单元自主性的坚持是为了给纪念物提供内容。纪念性在刘家琨此前的项目中并不鲜见，在鹿野苑、建川博物馆和胡慧姗纪念馆中都扮演了重要的角色。但西村仍然是他迄今为止作品序列中最独特的一例，他前所未有地将纪念性与城市这两个元素捆绑在一起。

如果说西村是一个城市纪念物，那么随之而来的问题是，它在纪念什么？在鹿野苑，建筑凸显的是静谧与自然，在建川博物馆是对权力的反思，在胡慧姗纪念馆是对个体的同情，那么在西村，纪念的对象是什么？以这种方式展现材料、结构、类型以及各个租赁单元的自主特征是否真的具有价值？如果有的话，有什么理由来支撑这种价值。

图 12　沿街立面夜景，存在建筑摄，家琨建筑事务所提供

在我看来，最简单的答案是借用尼采在《悲剧的诞生》中的话，西村的纪念性在于"对现象的永恒性所做的充满光辉的赞美和颂扬"（luminescent glorification of the eternity of the phenomenon）[8]，在尼采的体系中，这归属于阿波罗（Apollonian）倾向，意味着对现象世界中所有具体之物的呈现与赞美，无论大或者小，人或者物，善或者恶。与此相对的则是狄奥尼索斯（Dionysian）倾向，现象世界只是一个假象，我们需要超越个体，在沉醉状态中与那个真正本质的单一的形而上学本源融为一体。尼采认为阿波罗倾向的代表是塑性艺术（plastic art），比如绘画与雕塑，因为它们刻画具体的事物，而狄奥尼索斯倾向的代表是音乐，因为它不刻画具体的事物，而是展现一种抽象的情绪与意志。

我们不难在建筑中找到对应的手段，阿波罗倾向可以通过强烈的材料对比、暴露的结构以及清晰的空间构成来呈现具体元素的个体性以及明白无误的相互关系。而狄奥尼索斯倾向则往往通过对抽象氛围的刻画来实现，类似于音乐的抽象性，这些氛围并不讲述具体的事物，但是能传达特定的情绪。如果说鹿野苑、建川博物馆以及胡慧姗纪念馆强烈的氛围营造更倾向于后者，那么西村则无可辩驳地指向前者。除了由建筑师掌控的材料、结构与类型的明晰，西村还鼓励租赁单元的经营者们将多样性与差异性提升到更为强烈的高度。在西村的大院内，每一个单元都获得了充分的机会向观察者们展示自身的独特性，除了大院内的休闲与体育活动以外，边缘"看台"上的五光十色、鳞次栉比会吸引更多的注意力。这些个体元素不来自于建筑师的主观意志，也不来源于单一的形而上学理论，甚至无法归结为某种纯粹的动机，它们是无法被统一归纳的个体，只能被视为特定的现象加以接受。而西村则为这些现象提供了一种全景式的展现（图12）。

如果这种区分不是过于牵强，那么问题就转化为对这些现象的"充满光辉的赞美和颂扬"是否合理。《悲剧的诞生》中的尼采仍然是叔本华（Schopenhauer）的信徒，他认为现象虽然是假象，但是人们仍然需要对假象的赞美和颂扬（glorification）来让生活变得可以承受。这是因为当你通过狄奥尼索斯的路径与作为形而上学本源的"意志"（the will）相互融合时，会发现这并不见得比接受假象更好。原因在于，作为本质的"意志"本身就是悲观的，它无法赋予我们足够的宽慰，因此我们只能依靠假象来实现某种程度上的自我肯定（self-assertion）。这是一个仍然认同存在某种终极的形而上学本质的尼采所做的折中。但如果我们认同德里达的论断，并无一个"超验的所指"（transcendental signified），也就是并没有一个形而上学本质可以被清晰指认的话，狄奥尼索斯倾向已经不再可能，那么该如何看待阿波罗倾向，如何看待对现象的赞美和颂扬？这个问题至关重要，因为它更接近于我们今天的状况，还有多少人对形而上学感兴趣？还有多少人认同叔本华的观点？即使是更为丰满的存在主义现象学，又有多少人认为它是一个完备的理论？而如果没有这种终极解释为基础，我们如何面对缺乏根基的一切，如何论证我们的生活仍然具有意义？

最简单的解答仍然是从尼采两种倾向出发。一种是继续狄奥尼索斯的线索，不懈地去挖掘现象之后的哲学本源，对于有的人来说这仍然是一个伟大的事业。所以我们仍然可以看到许多坚持塑造超越世俗生活的特殊氛围的建筑师，以及他们的建筑、文字、言谈中的形而上学气质。而另一种是继续阿波罗的线索，一如既往地赞美和颂扬具体的现象，只是不再把它们视为假象。所以我们可以看到自后现代主义以来对装饰、对符号、对商业文化、对资本主义社会条件的肯定。在以前，这些因素常常被认为过于偶然、肤浅、表面、立场错误，或者是远离建筑的本质。但是如果没有深层的本质，那么现象就已经是一切。20 世纪 60 年代以后的现实主义不同于现代主义阶段之处在于，他们甚至不再需要线性进步的历史观，比如时代精神的理念，来论证现当代的合理性。当下的合理性就在于当下的现实，不在于宏大的时代序列，也不在于难以辨识的哲学本质。

加缪（Camus）对这种立场之下人的理想状态给予了生动的刻画。他竖立的典范是在阿尔及利亚海滩上晒太阳的人，这些人并不求诸于任何"欺骗的神性（deceptive divinity），在任何地方都可以发现欢庆的机会：海湾、阳光、临海平台上的红色或白色游戏，花朵与体育场，清凉大腿的女孩"[9]。可以看到，体育场再次出现，在这里它成为欢庆身体、荷尔蒙、游戏、斗争的场所。加缪想要传达的是，这些人不再去追索什么超验的意义，而是沉浸于现实的色彩与欢愉之中，"在这片土地上，'生命不是建造起来，而是在燃烧'"[10]。在中国，可能没有哪个超大型城市比成都更接近于加缪所描述的阿尔及利亚。这座城市有着强大的经济实力与政治地位，但普通人所熟知的仍然是它的舒服。无论有钱没钱，人们总是有各种方式让自己舒适，比如那些在5·12地震后街边撑开的麻将桌。还可以用另外一个片面的例子来说明成都人如何"燃烧"生命。我每年参加同学聚会，在北京的同学总是在谈论房子、学区、指标，而在成都，大家聊的更多是男友、女友、前男友、前女友，潜在的男友、女友，或者隐匿的男友、女友，我常常会觉得这两个地方的人不是生活在一个时代。这当然不是说成都人没有烦恼，奇妙的是他们总是能以更为乐观和愉悦的方式来面对和接受。我们仍然可以用火锅的例子来说明，无论什么食材，扔到锅里涮刷，就变成了成都人喜欢的红油味，然后心满意足地吃下去。成都作为美食之都，与成都人在"燃烧"中怡然自得的生活方式之间或许有更深层次的联系。这是一种特殊的心态和生活方式。

虽然定居在成都，项目也主要在成都周边，但是在刘家琨以往的作品中，这种成都特色并不鲜明。它们往往过于严肃，过于强硬，也过于坚定。西村则有所不同，现在看来它仍然粗壮和严肃，还接近于以前的状态。但必须记住它是未完成的，等所有的空间都租出去，等各个经营业主以及休闲消费的人都开始尽情"燃烧"，建筑师的作品将隐退成为一个背景，人们看到的是一个加缪所说的圣地：大院、阳光、步道上的红色或白色游戏，花朵与体育场，还有清凉大腿的女孩。一个完成的西村将会是对成都人日常生活场景的丰富展示，以前它们只是散落在街头，现在被汇聚在大院里，以其特殊的空间组织让来访的人置身其中。西村的体量、围合与直白有效地强化了这种不加掩饰的展示，它是对日常现象的肯定，或者也可以说是赞美和颂扬。刘家琨"处理现实"的原则在以往会导向对特定元素的深度挖掘，但是在西村，则是导向对纷繁现象的广度呈现。这种差异性可以从胡慧姗纪念馆与西村的强烈对比中看到，前者引发人们对生死的反省，在日常之外去探寻奠定生死价值的本源性解答，而后者则鼓励人们回到世间，在五光十色的日常活动中，去体验可能琐碎但是熟悉和确切的趣味。这两者其实都不会与"处理现实"产生逻辑上的矛盾，因为"现实"概念本身就容纳了这两种可能性。对于狄奥尼索斯的追随者，只有那个超越个体现象的本源才是真实的，悲剧对个体的摧毁有助于接近本源；而对于阿波罗的追随者，现象才是真实的，需要的是奥林匹亚众神让每一个现象都得到神话，从而说服我们现象的价值。我们并不能肯定刘家琨更倾向于哪一面，西村让我们对他的认知变得更为模糊，但也可能这恰恰就是他的特征。

现在就可以设想对西村的一种批评，实际上也是很多人对后现代主义、极端现实主义的一种常见批评。会有人认为这些流派和建筑对现实的展现、肯定或颂扬，只是对既存现象的进一步强化，没有批判和反思，由此产生的后果是缺乏深度，也缺乏方向，更为严重的可能成为谬误的帮凶。显然，这仍然是狄奥尼索斯们的不满，但如果你接受这种批评，进一步询问，应该追求什么样的深度？迈向什么样的未来？获得的答案往往是默然或语焉不详。反过来，阿波罗们也有反击的武器，康德早就明确地告诉我们，彼岸或许是真实的，但人却永远没有能力抵达，我们必须接受被囚禁于此岸的事实，现象已经是我们所能理解的所有现实。

在《悲剧的诞生》中，尼采认为狄奥尼索斯与阿波罗倾向可以互补，在公元前 5 世纪的雅典悲剧中完美融合。但这个解答显然回避了两种倾向之间的对立。朱利安·杨（Julian Young）指出，直到他哲学生涯的末期，在经过不同的尝试之后，尼采最终也未能找到一个令人满意的解决方案[10]。不只尼采，我们自己又何尝不是，仍然被两种倾向所吸引，却很难简单地说哪好，哪种不好。刘家琨的建筑就可以让我们体验这两种吸引的不同。以前拜访他的作品，主要是观察，很容易被他所专注塑造的氛围所触动；而这次去西村，除了观察，我们溜了1.6公里的步道、看了会儿热闹、吃了顿盐帮菜、喝了几碗茶、摆了会儿龙门阵后才从地库中开车离开。我们很清楚这两类体验的差异，不清楚的是在两者之间如何归属，这种两难或许是更广泛意义上的，我们所处的"现实"。

西村并没有为这种趋向的抉择提出解答，但它至少将其中一种倾向展现得更为强烈，这是我在西村中所体验到的一个不同于以往的刘家琨。作为一个成都人，从一种偏狭的地域立场出发，我倒是很高兴他完成了这样一个"院坝"，一个能戏剧化地展现成都人特别生活态度的作品。

这值得以吃一顿火锅的方式来庆祝。

注释：

[1]　华益. 刘家琨的中国式实践智慧：西村设计过程的
　　　复杂性 [D]. 建筑与城市规划学院建筑系，上海：同
　　　济大学，2014: 11.

[2]　Koolhaas R. Delirious New York: a retroactive
　　　manifesto for Manhattan[M]. New York: Monacelli
　　　Press, 1994: 18.

[3]　Moneo J R. Theoretical anxiety and design
　　　strategies in the work of eight contemporary
　　　architects[M]. London: MIT Press, 2004: 56.

[4]　Banham R. The New Brutalism[J]. Architectural
　　　Review, 1955 (708): 358.

[5]　Scalbert I. Architecture as a Way of Life: The New
　　　Brutalism 1953-1956. 2001.

[6]　华益. 刘家琨的中国式实践智慧：西村设计过程的
　　　复杂性 [D]. 建筑与城市规划学院建筑系，上海：同
　　　济大学，2014: 39.

[7]　Ghirardo D. Architecture after modernism[M].
　　　London: Thames & Hudson, 1996: 43-102.

[8]　Blumenberg H. Care crosses the river[M].
　　　Stanford, Calif.: Stanford University Press, 2010:
　　　14.

[9]　Aalto A, Schildt G. Alvar Aalto in his own words[M].
　　　New York: Rizzoli, 1998: 66.

[10]　Young J. Nietzsche's philosophy of art[M].
　　　Cambridge: Cambridge University Press, 1992:
　　　Chapter 5.

参考文献：

1　家琨建筑事务所. 西村·贝森大院设计说明. 2015.

2　勒·柯布西耶. 勒·柯布西耶全集（第 1 卷 1910-
　　1929 年）[M]. 北京：中国建筑工业出版社，2005.

3　华益. 刘家琨的中国式实践智慧：西村设计过程的复
　　杂性 [D]. 建筑与城市规划学院建筑系，上海：同济
　　大学，2014: 39.

4　BIG, Ingels B. Yes is more: an archicomic on
　　architectural evolution[M]. Köln: Taschen, 2010.

5　中共中央国务院. 中共中央国务院关于进一步加强城
　　市规划建设管理工作的若干意见. 北京，2016.

6　家琨建筑事务所. 西村·贝森大院设计说明. 2015.

7　Aalto A, Schildt G. Alvar Aalto in his own words[M].
　　New York: Rizzoli, 1998: 66.

8　Nietzsche F W. The birth of tragedy: out of the spirit
　　of music[M]. London: Penguin, 1993: 80.

9　转引自 Young J. The death of God and the meaning
　　of life[M]. London: Routledge, 2003: 167.

10　ibid.

来自�0吴的消息

图1　郎吴镇公交站厕，贺勇提供

浙江安吉县郎吴镇郎吴村的村头是一座小车站，仅仅由一个等候亭与一个分离的卫生间组成。建筑师贺勇在这里设置了两个巴拉甘风格的房间，分别粉刷成鲜艳的红色与蓝色，房间顶部垂下一道方形天窗，强烈的光线让色彩弥漫整个空间，浓重而纯粹。但最令人惊讶的是房间的功能，它们竟然是一男一女两个厕位，沉浸于巴拉甘式氛围中的水箱让人想起杜尚的小便池，只是这里的"小便池"是真的要作为小便池来使用（图1）。

要将巴拉甘著称于世的"宁静"与车站厕所的实用功能结合在一起，对于任何建筑观察者来说都不是一件容易的事情。通常在我们看来，巴拉甘花园中的沉思者与郎吴村需要解决内急的旅客是完全两个世界的人，他们之间唯一的联系是贺勇，乡村建筑师和大学教授。这两个房间更像是他对经典的致敬，而非来自于村民的日常习惯。

贺勇的做法显然不同于今天常见的乡建模式。后者往往侧重于乡土建筑类型、材料、建构特征、手工艺传统的尊重与挖掘。如此"简单粗暴"地将一种异类的"精英"建筑语汇强加在乡村生活之上，可以被轻易地标记为对"文脉"的忽视，而排除在乡建主流之外，更极端一点甚至可以被标记为反向样本。但另一方面，"反潮流"的特征也恰恰提醒我们差异性路径的可能性，这需要对郎吴镇传递来的消息做更审慎的了解与判断，再去讨论它的价值或局限。

接受与改变

巴拉甘式厕所展现了贺勇的这些乡建作品中的一种张力：两种氛围、两种传统、乃至于两种世界之间的吸引与排斥。不能简单地用"融合"来掩盖冲突与矛盾，需要观察的是这种张力所能带来的运动与变化，力的物理学定义也适用于对建成环境分析。这种观察会将我们引向鄣吴村这几个项目中最有趣的一些地方。

单独地看，我们很容易怀疑建筑师在一个厕位上兴师动众是否过于小题大做，甚至会对建筑师过于强烈的个人印记感到忧虑。但如果对贺勇的其他项目有总体的了解，就会理解为何最强烈的建筑手段会出现在最不起眼的角落。这实际上是一个总体趋势的极端体现，在贺勇这些乡建作品中，项目越是重要、公共性越强、价值越高，建筑师的控制力就越会受到限制；反之亦然，建筑师发言权在边缘地带更容易受到尊重。

我们有足够的例子来给予证明。在厕所外的候车亭，是更为公共的场所。建筑师把一长排毛竹竿挂了起来作为隔断使用，竹子是安吉特产，有风的时候毛竹互相碰撞会发出阵阵声响。但投入使用后不久就发现并不稀疏的毛竹竿却日渐稀少，原来是一些下车的乡民会顺手扯下竹竿当扁担把行李挑回家去。显然建筑师并没有预料到这种情况，他更没有料到的是这个新建的候车亭并不能作为正式的站台使用，因为旁边的土地问题，无法拓出足够的回车场。贺勇只能在一旁另行设计一个站台，我们去看的时候，候车亭二期正在施工。

这些意料之外让小车站的故事变得饶有趣味，村民不可预测的决定极大削弱了建筑师的"独断"色彩。建筑师有自己的意图希望村民接受，而村民也有他们的方式去对它进行改变，这并不是一种对抗，更像是建筑师与村民之间一个的游戏。

另外两个项目更为典型地体现了村庄业主的干预。一个是景坞村社区中心，位于村口小广场上。

图2 景坞村社区中心，贺勇提供

贺勇的设计是一系列单坡顶白色小房子，以不规则的布局散落在广场边缘。因为位置方向的差异，小房子之间会出现不同尺度与形态的户外空间，以此可以模拟村落场所的灵活与丰富。除此之外的一个主要元素是一条环绕整个场地的混凝土顶连廊。在南方的多雨气候中，它为室外停留提供了很好的庇护，也在错落的白房子上留下多样化的光影效果。对于一个乡村社区中心来说，这个设计的尺度、氛围、造价都是适当的。同样，不可预知的事情发生了，因为是村里的重点工程，甲方的意见变得格外强硬。最后完成的状态不仅舍弃了混凝土顶连廊，还给每个小房子粉刷了饰带，这是乡村建筑外部装饰的典型"官方"做法，但是贺勇最初设计中的质朴、纯粹以及虚实对比也都荡然无存（图2）。

另一个项目，鄣吴村书画馆也同样具有特殊的重要性。鄣吴村擅长制扇，又是吴昌硕的故居所在地，近年来的文化旅游开发投入不小。好在村子里还保留了传统的巷弄、水道肌理，一些民居也仍然是青瓦白墙的老样子，江南村庄氛围在某些地方表现得很浓郁。新建的书画馆位于村里的核心地段。贺勇的设计与景坞村社区中心的策略类似，两座白色小楼成L形布局，平面形态、相互关系、开窗位置与比例都旨在延续旁边传统民居的生活逻辑。两栋小楼之间是一座小茶室，一道楼梯环绕茶室上行，可以从二层进入书画馆。混凝土连廊再次出现，它围合出一个小院，一棵大树给院子足够的荫凉。从图纸来看，设计接近于阿尔瓦罗·西扎早期的设计策略，尊重历史场地的传统限制，挖掘日常的特异性，纯粹的白色墙面作为克制的背景，使上述元素更为鲜明（图3）。书画馆灵活的流线、虚实边界的变化给予这个小建筑充分的内容与细部。在原来的规划中，书画馆的对面还有另一个新建的二层文化设施，与书画馆一起围合出一个小广场，成为村里为数不多的公共空间。这样一个核心文化设施，自然更受"重视"，最终只有书画馆得以建成，总体格局仍然遵循原有设计，但是细部的调整，如青石板墙裙、披檐门斗等"典型"做法的加入剥夺了原设

图3 郭吴村书画馆，贺勇提供

计中微妙的不寻常之处，而这本是设计策略中所依赖的催化剂。与景坞村类似，原设计的"正常"化修正剥离了不少建筑师精心考虑的细节，这种结局同样来自于两个世界的碰撞，一个奉行"上帝在细部之中"的毫厘雕琢，另一个是"官方常规"的名正言顺。

现在回看贺勇的巴拉甘式厕所，最初的疑虑甚至可以转化为某种程度上的同情，只有在这最为私密的角落，建筑师的意图才能得到最大的保全。而越向外、地位越高的地方，主导权也越多地受到村庄业主的节制。考虑到社区中心与书画馆中，原有设计品质因为改动所遭受的影响，小厕所的"小题大做"变得多少可以接受。不管将它视为遗存还是补偿，在总体图景之下，它从另一个侧面体现了郭吴村乡建中建筑师与村庄业主的关系。建筑师不再独自站立在舞台中心，另一位主角——乡村——的身影甚至更为强大。

垃圾站与小卖店

接受村庄成为主角的价值之一，是主角们都会有兴趣把对手戏继续下去，获得机会的建筑师也有可能将剧情带向不同的方向。贺勇的另外两个项目，郭吴村垃圾处理站和无蚊村月亮湾小卖店就是这样的剧情转折。

相比于车站、社区中心与书画馆，垃圾处理站与小卖部的"关注度"要低很多。按照此前总结的规律，村庄业主的干预会小很多，建筑师的自主性相应增加。实际情况也的确是这样，贺勇的设计基本能够较为完整地实施下去。而在建筑师这一面，经典建筑语汇仍在出现，但也不同于车站厕所中那样强烈反差。这两个项目中展现了主角之间不同的相处方式，以及随之而来的不同结果。

101

图4　郭吴镇垃圾处理站外观，贺勇提供

郭吴村垃圾处理站位于村外的小山坡上。原有垃圾房仅仅起到临时堆放的作用，此后垃圾站增加了分拣处理功能，厨余垃圾进入发酵处理器被转化为农用肥料，剩余的生活垃圾经过机器压缩装入垃圾箱中运走。垃圾站因此扩建了一座二层小楼。新旧建筑的布局完全由生产序列所决定，新建筑挖入山坡之中，二层地面与原有垃圾房齐平，便于通过传送带将生活垃圾传输到埋置于垃圾房地面下的压缩机中。一楼则放置厨余垃圾处理器，这样食物残渣可以从二楼地面的孔洞直接倒入处理器（图4）。

上下两层的不同功能直接导向了不同的建筑处理。新建筑上层体量更大，垃圾分拣时的臭味需要及时疏散，因此建筑师采用了空心砖、屋顶开缝等元素，并且将混凝土结构与灰砖砌块墙体直接暴露在外，意料之中的是村里没有再要求给予白色粉刷和灰色饰带的优待。下层完全是另外一种氛围，房间内铺有地砖，墙面白色粉刷，一台整洁的不锈钢处理器占据了半间屋的面积，竖条窗和木板门都在提示这是一个房间，不同于楼上的车间。上下层功能与气质上的差异性也体现在室外。与上层粗糙和直白的灰色形成对比的是，建筑师在下层采用了红色黏土砖与面砖来铺砌地面、墙面、坡道与台阶。江南的雨水很快就在砖砌踏步的砌缝间培育出翠绿的青苔，让建筑师的意图一览无余，以红砖的温暖和拙朴营造一个亲切和平静的角落，旁边的竹林与门前的池塘也是这个景观设计的一部分。

不难理解这种差异所传达的讯息。上层的分拣、传送、压缩属于机械流程，建筑师相应地把结构与材料最直接的样貌暴露出来，效率与合理性是核心的诉求。下层处理器实现一种特殊的转化，厨余垃圾被转化成肥料，最终又回到村里的土地中去。确实没有什么材料比红砖更有利于陈述这种有机循环的理念，我们不难在阿尔瓦·阿尔托的作品中找到建筑师所期望的场景。象征性诠释的延伸是这所小建筑鼓励人们去感受和解读的。

这个小建筑之所以值得专门讨论，在于它的"功能"实现超乎想象。我们去参观时，刚刚完成了垃圾的压缩，整个垃圾站竟然看不到一点裸露的垃圾，地面、墙面与机械也都保持洁净，这与我们平常对乡村卫生条件的不满形成了强烈的反差。垃圾分拣是另外一个意外，在北京这样的城市垃圾分类宣传了很多年，仍然停留在口号与摆设。但是在郗吴，我们亲眼看到村里各家各户收集的厨余垃圾被转化为一袋一袋肥料。一个小小的垃圾站，足以修正对乡村管理与生活状态的某些偏见。

除去实用效能之外，对"功用"（purpose）的"意义"（meaning）诠释则要归功于建筑师。贺勇的处理很容易让人联想起围绕"功能主义"的种种争论。早在 20 世纪初期，阿道夫·贝恩（Adolf Behne）就将这种蕴含了意义诉求的"功能性"（functionalist）与单纯追求效用的"功利性"（utilitarian）区别开来[1]。贝恩所支持的当然是前者，通过效用与意义的结合与延伸，一个功能性的建筑可以与文化、哲学，甚至是对人塑造相关联，这当然意味着建筑师更广阔的操作空间以及更丰厚的内涵来源。而对于后者，功能被缩减为量度的计算，枯燥与单一成为不可避免的宿命。遗憾的是，贝恩的精确分析并没有被大多数人接受，"功能主义"几乎成为现代主义的原罪。

在贺勇的小房子中，上、下两层可以被视为对"功利性"与"功能性"的分别呈现。沿着这条思路，我们甚至可以将垃圾处理站与有机建筑传统，与表现主义建筑，甚至更早的浪漫主义思想联系起来。但这样显然会引发将"精英化"的理论体系强加于一个普通建筑的质疑，就像巴甘厕位的例子一样。但换一个角度看，为何要坚持"精英"与日常的割裂？这些体系之所以成为精英，恰

图5 无蚊村小卖店原状,贺勇提供

恰是因为它们能够提供普遍性的、具有深度的解释,如果你不在自己的脑海中把它们当作"精英"而敬而远之,那么没有任何障碍将它们与一个垃圾站或者是厕所联系在一起。精英与日常之间的差距或许不在理论与实践中,而是在人们自身划定的等级观念中。赫拉克利特在自己厨房中所说的话在今天仍然发人深省:"进来,进来! 神也在这里"[2]。

需要我们软化精英与日常二元对立的情况,也出现在无蚊村月亮湾小卖店的设计中。这个小店原来是村民搭的违建,因为处在村里特别打造的水景旁边,所以要进行改造,兼顾小卖店的原有功能以及景观作用(图5)。贺勇的设计基本都得到了实现,唯一的改动是小卖店的天窗因为"麻烦"被包工头省掉,使得店里即使是白天也需要开灯补充照明。在贺勇的几个乡建作品中,小卖店的位置最为优越,这里是无蚊村中心三条山谷的交汇地带,从山里流下来的泉水被三道石堤拦住,原来的乱石滩由此变身为山光水色的月亮湾。小卖店就位于两条溪流的交角处,地势高出水面不少,两边都被水面环绕,一道石梯可以从小卖店旁边下到水边,村里的妇人常常在此用山泉洗衣。

此处原有三栋小房子,错落布局,倒是很接近贺勇景坞村社区中心的格局。这几栋小房子最大的不足在于面向月亮湾水面过于封闭,过去这里是乱石滩时这并不是问题,但现在这里已经是月亮湾,做出改变也就理所应当了。贺勇的新小卖店仍然保留了三个房子原有的平面格局,由呈丁字形相交的两个房间组成。坡顶元素也得到保留,在这里变成了平缓的单坡,从两端向中心汇聚。建筑师最大的改动在于将临水的封闭房子打开,转变成开放的亭阁。靠道路的一面完全开放供人进入,侧面设置了传统的美人靠座凳,面向主要水面的墙体上挖出一个整圆的窗洞,呼应传统园林中的圆窗或者是月亮门(图6)。或许是吸取了社区中心与书画馆的经验,这里没有再采取容易被"修正"的白色粉刷,而是用竹竿支模现浇混凝土来铸造这个小房子。竹竿与竹节在墙体上留下了很深的印记，爬山虎正在攀援，一旁的翠竹与墙体上的凹槽形成巧妙的对话（图7）。

贺勇的处理显著地提升了小卖店的存在感。粗糙的墙面、统一的材质、连续的体量明白无误地呈现出房子的特殊性。圆窗则是最精妙的一笔，不仅给予亭子鲜明的江南文化属性，它位于正方形墙体正中央的位置渲染出一种含蓄的纪念性，无论是在东方还是西方，方和圆都被赋予和谐与永恒的寓意，贺勇再一次将一种经典理论传统固化于小卖部的混凝土墙壁中。

这两种不同的内涵，可以解释我们面对这个简单的小房子时并不简单的体验。一方面是依山傍水的临泉小榭带来的惬意，另一方面是高居水面之上几何象征的纪念性，前者将我们引向山水之中隐现的亭阁，后者则让人联想起西方古典时代的神庙。将两种相对异质的传统并置在一起并不是第一次在贺勇的设计中出现，但在小卖店中应该是最为微妙的。如果从远处走近，最终进入亭子里面，就能清晰感受到两种内涵的转换。远观时水面开阔、地形凸显，"神庙"的纪念性更为强烈。走近一些，房子与周围草木石渠的关系展现开来，开始变得更为亲切。最后进入亭子内，透过圆窗看到对面的山水农宅，最终意识到你原来身处月亮湾，身处江南，身处自然园林之中。与垃圾处理站类似，这个小房子中也蕴含着两种话语体系的交融，只是在这里更为细腻与含蓄。

对于村庄来说，贺勇的小卖店完成了两种作用，补充了景观元素还在其次，更有价值的是，原来的小卖店仅仅是在地点上位于村子的中心，而现在的小卖店才是整个村子空间结构、场所氛围、活动交流的中心（图8）。亭子里的八仙桌与儿童游戏的摇摇乐透露出公共活动的频率。贺勇曾经希望景坞村社区中心与郭吴村书画馆能够成为乡村生活的中心，但我们去参观的时候，这两个建筑中几乎空无一人，反而是在无蚊村的小卖店，四位村民正兴致勃勃地玩着麻将，另外几位站在一旁围观。

图6 无蚊村小卖店改造现状，贺勇提供

图 7　无蚊村小卖店竹模版清水混凝土外观效果，贺勇提供

结语：来自郭吴镇的消息

上面讨论的五个项目并不是贺勇在郭吴镇的全部作品，但是也足以传递一段值得关注的讯息：它们作为整体展现了一种特定的乡建模式，虽然不同于当下的乡建主流，但或许是更为真实，也更为现实的乡建模式。真实不仅在于这些项目已经建成，还在于它们是由乡村投资、乡村建造，并且为乡村所使用。现实则是指从设计到建造以及使用整个过程会受到很多因素的影响，贺勇几个设计不同的遭遇就体现了现实的复杂性。这两种特征都来自于乡村在这些项目中所扮演的角色。在郭吴，乡村的立场更为强势，作为毋庸置疑的主角，乡村对项目的干预更为直接，它们更接近于我们通常所认知的"甲方"。

从这个角度来说，贺勇的设计所遭遇的其实是再正常不过的甲乙方拉锯，只是当这种拉锯发生在大学教授与乡村之间，发生在当下的乡建热潮中，反而变得有些"非典型"。近年来在大众媒体中传播很广的许多乡建案例中，乡村主要是作为一种背景出现，为建筑师提供不同于城市的场所环境、自然条件。乡村既有的建筑品质，如本地材料、传统建构、空间秩序往往成为建筑师最为珍视的设计出发点，由此才会有多种多样的特色鲜明的乡建成果。与郭吴情况不同的是，这种"典型"乡建模式中，乡村被定格在沉默的"文脉"中，它以自己的传统为建筑师提供素材，而剩下的工作完全落入建筑师的手中。如何使用这些素材，用什么样的资源来完成建设，在大多数情况下，乡村的声音都是微弱的。因为主导了整个设计与建造过程，建筑师能够保证设计的品质贯彻始终，但潜藏的危险是项目虽然建造在乡村但是并不真正属于乡村，无法与日常的乡村生活相互融合。

图 8　无蚊村小卖店凉亭，贺勇提供

当乡村成为布景，而不是建筑的切实发起者和使用者时，它也就会滑向阿道夫·卢斯（Adolf Loos）所描述的"波将金城"（Potemkin City）——一个刻意装扮起来的秀美村庄，其实只是为河对岸的女王观赏的假象。卢斯以波将金城形容 20 世纪初的维也纳，那些被装扮成文艺复兴样式的建筑，仿佛能让建筑使用者瞬间变成贵族，实际上不过是自欺欺人[1]。当下的一些乡建项目也在进行这种装扮，装扮的对象正是乡村，只不过是被"乌托邦化"的乡村。"乌托邦"往往是沉默的，因为一切已经完美，无法再予改动，也就不再需要不同的意见。在一些建筑师看来，乡村就是这样一个理想的"世外桃源"，它所拥有的自然条件、生活方式、建筑特色都是城市环境中所缺乏的，因此可以作为对城市生活缺陷的弥补，为那些对城市不满的人提供慰藉。这样的乡建作品，建立在对乡村社会的选择性描绘之上，会过滤出有利于填补城市缺陷的元素，而其他的东西则与乡村背景一道沉入寂静之中。就像波将金城是为女王所准备的，这样的乡建作品实际上是为城市里的人所准备的。

这并不是否认为城里人服务的乡建的价值。即使是一种选择性的图像所提供的短暂抚慰也仍然是有益的。这里想要说明的是有必要将这种方式与另外一种乡建区分开来，那就是为乡村所做的乡建。贺勇在郭吴所完成的就属于后一类，在这些项目中乡村从背景中走向前台，并且发出不容拒绝的声音；从设计到使用，乡村始终占据着核心的位置。对于乡村来说，做别人的布景还是自己做主角差别当然是明显的。布景随人的剧情所摆布，可被替换也可被舍弃；主角不仅能掌控剧情，更重要的是还能不断拓展新的剧目。从车站到小卖店，郭吴在建筑师的帮助下改造乡村环境的举动持续不断，而实实在在获益的则是村民。为乡村所做的乡建不是城市生活的补药，而是乡村生活的自主延伸，这实际上是乡村聚落演化转变的主要方式，而不是依赖于城市建筑师的"点石成金"。

从另一个角度看，为乡村而做的乡建对城市人也有特殊的价值。在为城里人服务的乡建中，乡村被美化成对立于城市缺陷的"乌托邦"，但不应忘记，"乌托邦"并不存在，不去对身处的现实进行改变，"乌托邦"永远都是乌有之乡。这样的乡建，所能提供的帮助始终是有限的，而如果满足于此，我们甚至有错失真正改善的动机与机会。与之相反，由乡村主导的乡建始终是积极参与性的，恰恰是因为村民们不认为自己所处的是"乌托邦"，所以才需要不断地修正和改进。他们心目中也有一个理想的图景，并且愿意为这一图景付诸行动。罗伯托·昂格尔（Roberto Unger）将这种愿景称之为前瞻性思想（visionary thought），它"并不是完美主义或者乌托邦式的。它并不常常展现一幅完美社会的图像。但它却是要求我们有意识地重新绘制地图，来呈现可能的或者值得期待的人类关系，去发明人类关联的新模式，并且去设计体现它们的新实践安排"[3]。大卫·哈维（David Harvey）写道，这也就意味着一种辩证关系："只有改变机制世界我们才能改变自己，同时，只有基于改变自己的意愿，机制的改变才有可能"[4]。这种实践性的前瞻性思想与静态的乌托邦幻想之间的区别，也是为乡村服务和为城市服务的两种乡建之间根本立场的不同。它们导向的结果也不同，一种状况下乌托邦滑向空想领域越来越远，而另一种情况下现实在辩证的改变中有可能越来越接近乌托邦。郭吴的案例具有很好的说服力，无论是建筑师还是村里，都没有一幅整体的理想图景，项目的推进也充满波折，但是在不断磨合与调整中，也还有垃圾处理站和小卖店这种更为成功的进展。如果一个村庄能完善地运行垃圾分类，有效地改善公共环境，城市的社区为何不能效仿，成为一个更为理想的"城市村庄"？

这或许是来自郭吴镇的消息中最有价值的部分。这个措辞当然是在模拟威廉·莫里斯（William Morris）的小说《来自乌有乡的消息》，莫里斯描绘了一个并不存在的乌托邦，来对现实进行批判，但是对于批判到乌托邦的道路却无人知晓。中国的乡村并不缺乏被"乌托邦"式计划所摆布的经

110

历，而中国四十年来的改革之路就起源于小岗村所发起的自我组织。郭吴镇的消息是关于前瞻性改进，关于建筑师与村庄的共同演出，关于在接受与改变中不断积累的经验与教训，关于出人意料的遗憾和出人意料的惊喜的讯息。这当然距离乌托邦的理想图景很远，但是与消息一同而来的是村庄一点一点的改变，乡建没有被定格于一两个项目，而是作为进程，不断到来。

在贺勇这几个项目上，我们看到的是这一进程的多变剧情，这提示我们对城市与乡村，经典与乡土，精英与日常之间的关系做出不同的思考。其实在郭吴村的传统中早已蕴含着促使我们颠覆这些二元划分因素，这个村里所出产的竹扇，从选材、色泽、形态到结构无不精雕细琢，清新雅致耐人寻味，如果认同这样的精英制扇传统，又为何不能接受巴拉甘或者是阿尔托的精英建筑传统？又为何一定要在东方与西方、精英与乡土之间划上不可逾越的分割线？当我们谈到乡村时，不应忘记爱德华·萨义德（Edward Said）对东方主义的批评，我们想要面对的是一个真实的乡村还是一个根据二元对立的需要"反向"（negative）定义出来的"异类"（alien）乡村 [2]。一种潜在的"乡村主义"可能带来的危害也是类似的，它会让人们忽视乡村中的能动性，忽视它"能真实感受到的，体验到的力量"5。

郭吴镇的消息所提示的不仅是对我们理解乡村、切入乡村的反思。它也可以拓展到其他与常规的二元对立概念结构相关的建筑讨论中，比如传统、本体、阶层等话题之中。无论是"尊重"还是"批判"，一种动态的、参与性的辩证互动，都比"乌托邦"布景更有利于建筑实践的可能性拓展。从这个角度来看，郭吴村头车站的巴拉甘式厕所可以被视为一个标志，它的冲突与张力喻示了干涉与对抗，这也意味着拥有更多可能性的未来。

郭吴仍然在践行这样的策略。在镇卫生院工地，我们看到建筑师仍然与甲方代表在现场讨论这里是否要增加一个房间，那里的影壁是否仍然需要。又是一个典型的贺勇式乡建作品，或许不能再称之为"乡建"，因为它的体量已经扩大到数千平方米。经历过这么多剧情起伏，我们有浓厚的兴趣期待郭吴镇所传来的新的讯息。

注释:

[1] Loos A. Spoken into the void: collected essays 1897-1900[M]. London: Published for the Graham Foundation for Advanced Studies in the Fine Arts and The Institute for Architecture and Urban Studies by MIT Press, 1982: xiii,146.
[2] Said E W. Orientalism[M]. London: Penguin Books, 1995.

参考文献:

1 Behne A. The modern functional building[M]. Calif: Getty Research Institute for the History of Art and the Humanities, 1996: 123.
2 引自 Ortega y Gasset J. Meditations on Quixote[M]. London: Norton, 1963, 1961: 46.
3 转引自 Harvey D. Spaces of Hope[M]. Edinburgh: Edinburgh University Press, 2000: 186.
4 Ibid.
5 Said E W. Orientalism[M]. London: Penguin Books, 1995: 202.

你已在船上

——船长之家的隐喻与内涵

我降下了帆，

拒绝大海的诱惑，

逃避那浪涛的拍打……

——林徽因

在海边图书馆落成两年后，董功的另一个作品"船长之家"在 2016 年年底完成。将这两个项目联系在一起的是同样位于海边的场地位置。但对比来看，这两座建筑的差异性似乎比相似性更为强烈。最直观的感受，海边图书馆独自飘浮在沙滩上，建筑与海岸线平行，展现出一种默然对视的关系；船长之家在密集民居的簇拥下矗立在礁石之上，建筑指向与海岸线垂直，对抗的坚毅不言而喻。同样着墨于建筑与海的关系，船长之家何以获得这种不同的品质？在这些品质之后又能看到什么样的内涵？这座建筑提供了很多线索供我们进行深入地解读。尤其是放在与海边图书馆的对比中，放在董功近来作品的总体倾向中去看，船长之家所展现的价值厚度更值得仔细地挖掘。

任务

不同于海边图书馆在近乎天然"白板"（*tabula rasa*）的状态下开始工作，船长之家作为改造项目只能依附于既存建筑，受到复杂的物质与社会环境的制约。在海边图书馆中业主的身份很弱，无论是在设计还是使用中，业主都没有对建筑施加过多的干预。不断发生的主要是建筑与使用者的关系。但是当使用者无法准确定义时，这种关系只能是普遍和抽象的。船长之家的业主就是使用者，从家庭构成到个人志趣都相对明确，董功需要处理的是一个更为"具体"的建筑问题。他曾经谈到在海边图书馆中一个重要的感触是建筑可以更为"具体"[1]，船长之家实际上提供了更好的起始条件去解析这一理念。这个家庭的传统、现实与渴望早已嵌入在旧屋之中，余下的就取决于建筑师如何对它们做出新的回应。从某种角度上看，阿道夫·贝恩（Adolf Behne）所区分的"理性主义者"（寻求普遍性的单一解决方案）与"功能主义者"（根据特定的问题寻求特定的解决方案）仍然是一个重要的区别。相比之下，海边图书馆的独立自足可能更倾向于前者，而船长之家则毫无疑问地应当归于后者。就像贝恩所解释的，这里的"功能"比日常理解的更为深入，"每一个获得满足的功能都是一种器具，用于创造新的，更为完善的人"[1]。它不再是抽象的数据，而是落实到每一个家庭成员的身体与感受之上。

对于建筑评论来说，贝恩的语句提示了一条阐释路径，从"满足功能的器具"出发，汇集到如何创造"新的，更为完善的人"。理想状态下，评论者应当梳理这两者之间的关系，笔者称之为"目的性解释"[2]。这也同样是这篇文章的论述逻辑，它的起点是船长一家为建筑师所确定的任务。总体看来，任务不算复杂：房屋需要彻底的整修以应对海边的气候条件，原有的二层房屋需要加建第三层，用于迎接到访的亲友。但船长子女有着更高的期待，他们希望利用这一次改建为船长的退休之后的生活环境进行完善的规划。很显然，后者对建筑师来说更为困难，因为即使是业主本人对于理想退休生活的成分也缺乏明确的认知。建筑师的潜在任务是帮助业主去定义这些需求，由此才能有针对性地展开工作，这也就是路易·康所说的建筑师的"第一项工作是重写任务书"[2]。

这种重写不是将粗略的任务书细化到每个房间，而是要发现整个项目中的核心关切。在船长之家，它是人与海的复杂关系。"大海是我的衣食父母，但是我也很害怕大海"[3]，船长本人的话简单明了地陈述了这看似矛盾的关系。在董功的设计中，对这一关系的处理成为贯穿整个建筑的主线。船长家的旧屋之所以需要改造，就在于无法合理地应对这种冲突。一方面，为了获得充沛的海景，旧屋几乎每一个房间都设置了阳台与大面积开窗；另一方面，大量洞口的开启难以抵抗海边气候的侵蚀，雨水、潮气、盐碱腐蚀造成房屋品质的急剧下降。在这一方面，福建当地民居的传统经验更倾向于保护性，它们采用厚重的石材堆砌，窗洞很小，屋顶也采用坡顶。董功的方案在一定程度上吸收了这些传统经验，附加的混凝土墙体增大了墙体厚度，最大的南立面大幅度减小了开窗的面积，主要的直接开窗都增设了混凝土窗套防止雨水灌入，而顶部的加建层则以拱顶取代了平屋顶。不同于传统之处在于，董功仍然维护了东西两向的通透性，甚至通过落地窗与玻璃墙等设施扩大了开放度。旧建筑每个房间都有观景阳台的属性得以延续，面向大海的窗户成为房间中最具吸引力的元素（图1）。

平面的调整也符合上述的优化逻辑。通过将原本位于南向与东向立面上的卫生间统一移到北侧，主要房间面向东西向的视野获得了解放，金属网质的阳台栏板去除了最后的景观阻碍。在南立面上，一道完整的南墙通过对东南角平面的补足与西向墙体的延展应运而生。它对整个项目的形体构成至关重要，原建筑的不规则边缘通过南墙的调整得到了简化。以前L形的体量构成在新建筑中转化为明确的东西向形体。更简单的轮廓当然有助于建筑的防护性能，整体性的南墙无论对于日照还是风雨都能起到更好的抵御。东西指向让建筑与海的关系更为密切，因为它们分别面对半岛两端的港湾与海洋。南立面的封闭与东西立面的通透将船长所说的矛盾心理呈现在建筑立面之上，重写任务书的积极作用在于使得解决方案也更为明确。

基础

在船长之家，人与海的复杂关系不仅仅通过上述方式体现，还有其他很多不同的方式去进行解读。

一个重要的变化是，改造后住宅的东西走向与建筑之下礁石的脉络是相符的，它们都以近乎垂直的角度穿透海岸线，指向大海深处（图2）。这很容易让人联想起意大利卡普里（Capri）岛上的马拉帕特别墅（Casa Malaparte）。它也建造在一块突入到地中海里的岩石山体之上，建筑主体

图1　东西向与南北向的差异，陈颖摄，直向建筑提供

图 2　船长之家与岩石的关系，直向建筑提供

同样采用了顺应岩石脉络的东西指向，端头朝向一望无际的海面（图 3）。很少有建筑建造在这样极端的场地条件上。在马拉帕特别墅，它是业主——意大利作家马拉帕特（Curzio Malaparte）的主动选择，但在船长之家，更多是出自于村落用地紧张的被动条件。虽然起点不同，但最终结果是类似的：建筑成为粗糙岩石的依附。看看流水别墅，虽然也建造在岩石之上，而且延伸的楼板明显在呼应下部岩石的肌理，但是因为体量的差异，建筑本身是主导性的，岩石仿佛成为建筑的延伸。在马拉帕特别墅与船长之家这种关系反转了，岩石的庞大与嶙峋占据了不可动摇的统治性地位，建筑则采用了更为朴实的体量，从属于这种影响，而不是像流水别墅般任意挥洒。

如何理解这两个建造在岩石上的建筑特殊的感染力？或许将它们与海边图书馆对比来看更为清晰。简单地说，海边图书馆是一个"没有基础"的房子，而船长之家则让"基础"显露无遗。海边图书馆为人熟知的孤独感就来自于它"没有基础"的视觉特征。它站立在一片洁净的沙滩上，而松软的沙粒是无法支撑这样的建筑物的。虽然常识告诉我们建筑之下必有支撑，但是墙体与沙粒的直接接触仍然不断诱使人去想象它是飘浮在沙滩之上的。一个没有根基的房子显然是孤独的，就像一个没有根基的人。它不属于任何特定的地方，也缺乏抗拒外部力量的支撑。

马拉帕特别墅与船长之家恰好与此相反，建筑直接与岩石接触，石体的坚硬与雄壮自然而然地让人联想到基础的稳固。因为建筑的存在，整个岩石山体被人为地转化为基础。德国哲学家布鲁门伯格（Hans Blumenberg）提醒我们，虽然"奠基"（founding）是所有"建构"（construction）的起点，但是"任何在基础承载之上竖立起来并且持续下去的事物都会在视觉上拒绝基础。在奠基之后，基础消失在它功能的掩盖性本质之下；只有在构筑物开始垮塌的时候才会暴露出来。"[4]正是对于这种"拒绝"的拒绝，马拉帕特别墅与船长之家给予我们特别的触动。作为"基础"的

120

图3 马拉帕特别墅，作者提供

岩石本身成为主体，它曾经被"掩盖"的庞大体量与力度直接暴露在视线中，建筑则谦逊地退入幕后，仿佛仅仅是为了证明基础的作用而存在。当一个本质性的建筑元素在长期被漠视之后获得前所未有的突显，你很难不被触动，更何况是承载所有的基础。马拉帕特别墅与船长之家以一种格外强烈的方式体现了海德格尔所说的建筑的"揭示"作用。这位德国哲学家用来描述希腊神庙的话恰如其分地适用于这两个案例："矗立在那里，建筑栖息在布满岩石的基址上。这种栖息从岩石虽然笨拙但仍是自发的支撑之中提取出来了岩石的神秘。矗立在那里，建筑盘踞着自己的基址对抗空中风暴的肆虐，所以第一次让风暴自身展现出它的暴力。"[5]建筑以自身的存在，揭示出岩石基础的顽强与风暴的狂躁，岩石与风暴不再只是"物理现象"，而是成为人文世界的一部分，成为与人的生存息息相关的"岩石基础"与"风暴"。也就是在这个意义上，岩石成为"岩石"，风暴成为"风暴"，就好像海德格尔另一句话所描述的，"只有当桥梁跨过溪流，河岸才呈现为河岸。"[6]马拉帕特别墅与船长之家得天独厚的场地条件，让这种"揭示"与"转化"得到戏剧性的展现，这两个建筑的独特魅力很大程度上就来自于这里。

如果我们仅仅将那些将建筑与地层连接在一起的结构才视为真正的基础的话，那么海边图书馆的"没有基础"与船长之家的"暴露基础"就都是假象。只不过这是两个对立的假象，一个是要刻意地消解基础，而另一个则是要刻意地显现基础。它们创造出两种截然不同的建筑体验，也指代两种不同地面对大海的态度。前者是孤独与零落，无所依靠，后者是坚硬与稳固，不可动摇。前者只能寄望于大海的平静与宽容，后者则勇于应对大海最沉重的冲刷。可能没有人比船长更能理解后者的意义，海边图书馆的读者只需要在阅读之余抬头看看大海，但船长必须深入到波涛深处。当暴风雨来临，"很危险的时候，感觉就是最好离开，早一点回家，就是想家"[7]。岩石上的家被赋予最终的信赖，它的力量也来自于脚下的基石，不仅承载了建筑的重量，也对抗着狂暴的海浪。

图 4　透过窗户看向大海，直向建筑提供

无论是建筑还是海边的人家，都需要这种力量才能幸存下来。人们对大海不仅有感谢与敬畏，勇气与意志也同样重要。

窗与墙

对于海边的人来说，大海是视线最理想的归宿。无法穷尽的地平线也是视野无限延展的理想匹配。船长早年旧屋的设计已然强调了这一点，每个房间都有门窗开向半岛两边的海面。在改造之后，面向海的视线仍然是新建筑的核心要素。建筑师通过对界面的处理，让面向海的视觉更为多元和强烈。这实际上是董功在海边图书馆中已经深入摸索过的设计手段。图书馆的主体实际上是四个面向大海的房间，但是在每个房间中看向大海的方式都不一样，从大面积的玻璃立面到半开放的阳台，再到横向或竖向的窄缝，四个房间透过建筑的限定获得四种不同的视线。

与海边图书馆类似，董功在船长之家也强化了面向大海的框景处理。窗套所造成的进深与竹木材质的传统联想，强化了向外观景的仪式感。窗口的限定不仅有助于视线的引导，也通过对中介（窗户）的强调让观赏者与外部景观的区别更为分明。透过这样的方式看向大海，人们很难误认为自己已经身处大海之中，窗户的存在感会不断提醒观察者作为旁观者而非亲身参与者的身份，也提醒她仍然身处建筑之中，而不是建筑之外（图 4）。

这种处理模式可以看作是密斯的范斯沃斯住宅的对立面。对于很多现代建筑先驱来说，窗户是阻碍建筑内外交融的陈旧设施，消灭窗户的战斗在范斯沃斯达到了顶峰，建筑内外的差别被缩减到了最低的限度。对于密斯来说，这并不存在问题，因为无论是人的内在世界还是外在世界都是同一种精神实质的体现。但是对于没有那么强烈的唯心主义倾向的范斯沃斯来说，这无异于一种摧残。

对窗户的重新强调是对正统现代主义进行反思的一种方式。没有谁比康更清晰地认识到了这一点，他重新赋予窗户这一元素的生命力至今仍无人超越。埃克塞特图书馆中有着清晰功能逻辑与建构关系的木框窗，是康最经典的建筑语汇。它对采光、通风、视线等核心要素的分别阐释也同样是"秩序"（order）——康建筑哲学的基石——的体现。正如罗伯特·麦卡特（Robert McCarter）所指出的，在窗的处理上浓缩了康所独有的建筑体系成熟的过程，也是他与正统现代主义"批判性决裂"的主要场所之一 [3]。

遵循这一线索，可以观察到一个有趣的现象，董功如何从"范斯沃斯"（采摘亭）转变到了"埃克塞特图书馆"（船长之家）。前者执着地消灭了窗、墙、门，而后者则不遗余力地将这些元素一一强化出来。船长之家厚实的竹木门窗框架以及窗户上采光、通风、风雨防护的分别处理，都明白无误地指向康的影响。董功的身上再次印证的，是许多具有反思精神的中国当代建筑师所走过的道路，在经典现代主义语汇的挖掘之后，开始转向"非主流"的"另类传统"（alternative tradition）。而不同建筑师所选择的不同传统，恰恰是构成当代中国建筑实践丰富性的源泉。

窗只是董功与康的传统之间的密切关系的一个侧面，与之相关的"房间"的理念。"我放弃了通常封闭房间的概念，转而追求一系列的空间效果而不是一排单独房间。"[8]密斯这段描述砖住宅的话是现代主义中以空间的名义消灭房间的典型代表。"一个房间是建筑的起源。"康的经典格言再次彰显出他与正统现代主义的不同。金贝尔美术馆或许是最好的明证，虽然是一个整体联通的空间，但康要实现的是拱顶下一个个完整房间的集合。窗的回归也是房间回归的条件之一，一道明确的窗

123

图 5　院中保留的老建筑窗户，陈颢摄，直向建筑提供

准确地区分开室内与室外，康的窗甚至能呈现出房间的体量、氛围与使用方式。在一个完整的设计中，窗与房间应当是一个整体，不同的房间将无法容忍同样的窗。在这一点上，可以看到海边图书馆在董功作品中处于何种转折性的节点。房间和窗在这个项目中吸收了建筑师绝大部分的注意力。房间之间、窗之间的差异性获得了前所未有的强调，甚至让人感到有一些急切。相比之下，船长之家仍然关注于此，但是要平和许多。改造的要点之一，就是将原有建筑中千篇一律的窗洞转变为不同大小与开放方式的门窗，以适应各个房间的功能与气质。在物理上，新建筑比旧建筑大幅强化了防护性，在氛围上，窗的突出也强化了房间的完整性，对于"矗立在岩石之上"需要面对风暴"肆虐"的船长一家来说，这同样是必不可少的要素。

看到近百年以来的现代建筑潮流变化，在一个渔村的旧房改造中上演，对于任何有历史意识的人来说都是一件有趣的事情。这实际上是一个必然的结果，如果建筑师真的具有反思的精神。潮流不是起因，而是结果。船长的家也同样是建筑本质问题的凝聚地，就像赫拉克里特斯在火炉边所召唤的，不管多微小的地方，都有神的存在。在船长之家，值得注意的还有另外一个小窗户——面向院门的院墙上由毛石砌筑的空窗洞。这道院墙与窗洞采用当地传统材料与技艺建造的，或许是旧居之前的"旧居"的留存，这也是整个建筑中唯一没有被改动的窗户（图 5）。可以想象董功不去改造它的原因。一旁花坛中茂盛的芋头叶面以及窗洞下摆放的陶罐，让人联想起勒·柯布西耶在日内瓦湖边为他父母建造的小住宅。在日内瓦的小院中也有一个毛石砌筑的面向湖面的窗洞。从材料选用上看，这个 1923 年的窗洞墙可以被视为勒·柯布西耶乡土转向的先声。大树、石墙、洞口、陶罐、湖面与帆船，勒·柯布西耶刻意设计的拍摄场景记录了或许是他的建筑生涯中最为重要的景观设计作品。任何看过这张照片的人都会认同董功保留这唯一窗洞的做法。历史先例的趣味性在于，勒·柯布西耶的母亲在这个住宅中居住了 37 年，在 20 世纪 60 年代去世时将近 100

图6 董功设计草图,直向建筑提供

岁。或许好的设计真的会有助于延年益寿,对于即将退休的船长这可是个好消息。

拱顶与船

船长之家项目中最大的动作是添加了第三层。业主的要求相对灵活,新增面积可以用于家庭活动以及节日期间来访亲属的住宿。董功对这一任务的重写为建筑注入了极为丰富的内涵。在一张核心草图中,他将下面两层与三层的拱顶明确区分开来,下面两层面向生活需求,上面的第三层则侧重于与海的关系(图6)。建筑师希望利用这个加建机会给予整个项目的关键主题最集中的强调。那么,拱顶覆盖的第三层能传达什么样的人与海的关系?

在整个渔村之中,董功带来的拱顶是个明显的异类。即使在整个中国建筑界,使用拱顶作顶的建筑也并不多见。但是在诧异之后,也可以看到一些合理性。福建沿海地区的石砌民居的一个重要特征,就是在门窗洞口之上大量使用拱券。这显然是为了应对石质材料的重量,拱比横梁有着更为优越的力学特性。董功以拱顶取代原有的平顶可以看作这一缘由的继续,毕竟旧宅最严重的问题就是平屋顶在处理排水、风化等问题时的严重缺陷。这几乎是现代主义平顶建筑的原罪。混凝土整体浇筑的拱顶在强度、完整性与耐久性上都有着先天的优势,它是整个项目加固策略最直接的体现。

但坚固与实用并不是全部,否则董功就不会在初期方案比较中放弃更为常见的坡顶方案。拱顶的独特之处是它深厚的文化内涵,通过它,董功给予船长之家更深厚的阐释维度。首先是标志性,拱顶让船长之家在体量与形态上都超越了周围的民宅,如陶特(Taut)所说的"城市王冠"一般

图 7　城市之冠，直向建筑提供

成为周围建筑的统领（图 7）。这种标志性对于船长一家来说更为重要，就像船长的女儿所说，高出的第三层，让船长之家变成了一座灯塔，让归航的人更早地看到家的灯光。拱顶清晰地标记出家的存在，这是比相邻建筑之间的竞争更为重要的目的。

其次，拱顶为船长之家渲染出更为强烈的亲密性。"一个理想的塔……还有拱形屋顶，这是亲密性梦想的伟大原则。因为它不断地将亲密性反射向它的中心。"[9] 巴什拉（Bachelard）的话不仅强调了拱顶的亲密性特质，也提示出船长之家与海边图书馆在屋顶处理上的不同。海边图书馆的半拱顶也能增强房间的庇护性，但是开敞的一面仍然让大海的强大力量穿透到房间深处。这个空间中没有中心，弯曲的墙壁既是保护，也是选择的终点，阅览者难以摆脱的暗示是海水仍然可能涌入，而除了挺身面对，并无退路可循。相比之下，船长之家的拱顶可以给予更高的安全性。拱顶下有确定的中心，稳定感远远高于半拱顶。拱顶横向的面宽都被坚实的混凝土墙所围合，只是在侧面向大海开放，限定了侵入感。远远超出海平面的高度也让船长之家更远离海的威胁，作为住宅，完整拱顶比海边图书馆的半拱顶更适合家庭的亲密性与庇护感（图 8）。

此外，拱的浓厚寓意也让船长之家变得饶有趣味。可能除了柱以外，很少有什么建筑元素像拱顶一样在历史中沉淀出如此浓重的隐喻内涵。其中最为人熟知的是船的指涉。在西方建筑传统中，教堂往往被设想为诺亚方舟的建筑转化，而中厅（nave）一词就来自于拉丁语中的船（*navis*）[4]。类似的形态与翻转的受力关系是拱顶与船体密切联系的纽带，这也是为什么在以往船舶的设计与建造也被称为 Architecture。董功对于拱顶的宗教内涵有着清晰的认识，船长一家恰好也是教徒，船与教堂的结合显然是他选用拱顶元素的原因之一。

图8　从第三层看向大海，直向建筑提供

图 9　拱顶下的夹层，直向建筑提供

另一个与船相联系的桥梁是勒·柯布西耶。在拱顶之下的高耸空间中，董功采纳了另一个经典原型，勒·柯布西耶雪铁龙住宅中夹层与通高中庭的结合（图 9）。让纳雷最早在巴黎勒让德餐厅（Legendre Restaurant）中看到了这种空间组合模式，它成为此后纯粹主义时代住宅设计中不断重复的主题。再往前，还可以追溯到艾玛修道院（Charterhouse of Ema）里中空庭院与修士住宅的结合。《走向一种建筑》中不断出现的轮船空旷甲板与低矮舱室的并置也在进一步印证这种模式与当代工业生产的关联。这一原型是勒·柯布西耶用来论证"住宅是居住的机器"的核心论据之一。在船长之家的拱顶之下，一个现代建筑史爱好者可以看到莫诺尔住宅（Maison Monol）的拱顶、雪铁龙住宅的空间、奥赞方工作室的舷梯，这些元素都可以与船相关联。即使没有这些背景知识，也不妨碍船长的女儿在第一次看到这些时就感受到了船的类比 [5]。

这并不是说建筑师在刻意地模仿船，更准确的应该是如勒·柯布西耶所强调的，在追寻理想原型的过程中，一些具有普遍性的元素不知不觉地渗入进来。是传统，而非建筑师的简单模仿让船的内涵穿透了进来。很明显，董功想要在日常生活之上叠加一个更为理想化和精神性的房间，由此才有第三层与楼下两层之间的显著差别。与船有关的各种联想与船长之家的业主身份有天然的契合，也能更直接地与海产生对话。作为一个节点，它让董功将经典建筑传统与现实、居住的日常、未来的期待甚至是救赎连接在一起。船长之家的第三层，将成为前述贝恩的体系中从"满足功能的器具"与"新的，更为完善的人"之间的关键过渡。

更具体地问，船长之家是如何导向"新的，更为完善的人"的？这更多地依赖劝诱与阐释。整个项目的起始目的是为船长一家的未来生活提供更好的环境，而其中最重要的组成之一是为船长即将到来的退休生活作出安排。毕竟，除了礁石以外，船长是整个家庭的另一个基础，他也经历过

128

无数风浪的打磨，是时候为一种新的生活方式作出设想。我们可以想象船长在他三层的"船"上，面向海面品茶休憩的场景。与以往不同的是，这是一艘异常坚固，但已经永久锚固的船。它再也不会回到海上，不会去采集渔获，也不会再面对浪涛与风暴的威胁。从这个角度上看，船长之家本身就是对船长退休生活的隐喻。

布鲁门伯格讨论过伊拉斯谟（Erasmus）在《箴言录》（Adagia）一书中记录的一个意味深长的故事。一个在海难中损失了自己所有无花果货物的商人幸存了下来，此后的一天他坐在海边，面向平静的海面说道："我知道你想要什么——你想要无花果。"[10]伊拉斯谟以这个故事说明拒绝为了利益去再度挑战风险，享受平静而非诱惑的生活态度。船长的退休生活只是这个古老故事的另一种呈现，很少有人比他更为了解大海的富有以及可能需要承受的代价。

并非每个人都能抵御这种诱惑。歌德曾经引用了这个故事来宽慰一位父亲，他的儿子因为爱情的挫折而选择自杀。"大海仍然渴望无花果"，这是所有人都不断面对的挑衅，如果你愿意不惧代价去追寻成就或者是放纵欲望。幸存反倒是一件偶然的事情，这是伊拉斯谟要以这个故事劝诱他人的原因，也是比他更早的古典哲人，如霍拉斯（Horace）与维吉尔（Vigil）劝诱人们留在岸边不要远航的原因。[6]正如布鲁门伯格所指出的，陆地与深海是人类存在方式的两种相互矛盾的参照与隐喻，它们所对应的一方是平静、稳固与淡泊，另一方则是激情、风险与不可估量的收获。千百年来，远航与靠岸成为一代又一代文人用来描述人生境遇的经典隐喻。1921年，林徽因以这个典故告知徐志摩自己的人生选择，它是同一场景在赫拉克勒斯（Hercules）、无花果商人、少年维特之后的再一次重演。面对冲突与炽情，她选择了"学校与艺术"的安宁。许多人，也包括董功都不同程度地获益于她的这一选择。

因此，如果说船长之家传达了什么样的劝诱的话，富有古典气质的平静与淡泊可能是最重要的。对于船长来说，这是他退休生活的直接写照，但是在更广泛的层面，就像歌德所说，"大海仍然渴望无花果"，每个人都还需要无数次面对海的诱惑，如何做出选择将决定她将走向哪一条道路，成为哪一种人。建筑无法替人做出决定，但是它可以默然地渲染某种态度与心境。沉默并不意味着虚无，"只有当你有话可说时，才能真正地保持沉默"[11]。

从这些角度看来，船长之家的确在指向某种特定的生活态度，而采纳了这种态度的人，有可能成为古典视角下一个"更为完善的人"。虽然并非每一个人都认同这是最理想的态度，但至少不能否认它仍然是最主要的选择之一。董功的拱顶的确更有助于这种解读，圆的稳定与完美是古典建筑传统难以撼动的基础，而值得注意的是，船长之家中若隐若现的勒·柯布西耶也是一个深入骨髓的柏拉图主义者。

结语：隐喻性氛围

船长之家非常鲜明地体现了董功近期作品的核心特色，我们可以称之为"隐喻性氛围"（metaphorical atmosphere）。虽然面积远远小于海边图书馆，但是船长之家有着更为复杂的条件，也提供了更多的机会与不同的建筑主题产生关联，从而将很多隐喻性内涵注入住宅之中。前文中已经提到了很多，比如基础、王冠、灯塔与船，还有古典建筑传统、勒·柯布西耶、康等建筑原型。虽然有程度上的差异，船长之家与海边图书馆，也包括一旁的海边教堂有着同样的特征：建筑的主要元素是一个个相对完整的房间，它们都有着强烈的氛围色彩，而这些氛围所烘托的是一种较为确定的隐喻性解读。在海边图书馆是洞穴，在海边教堂是高脚小屋，在船长之家则是船。

氛围与隐喻的结合让董功近来的作品具备了比他此前的作品更为耐人寻味的深度，也获得了更广泛的大众响应。

这种说法当然会引发一定的质疑。如果都是着力于隐喻，那么董功的设计策略与那些模仿酒瓶、铜钱、裤子的"鸭子"式建筑有何区别？在我看来，区别不在于使用隐喻，而是在于选择什么样的隐喻以及有什么样的方式去传达。这就好比所有人都可以使用比喻写作，一个优秀的作者与一个拙劣的模仿者之间仍然有难以逾越的差异。董功的隐喻之所以会引起很多人的共鸣，在于他所选择的对象更接近于布鲁门伯格所描述的"绝对隐喻"（absolute metaphor）。不同于"逻各斯"（logos）的清晰与确定，"绝对隐喻'应答'着一些看似幼稚，在原则上无法回答的问题，但这些问题的重要性在于它们无法被放到一边，因为并不是我们提出的这些问题，而是发现它们已经被置于我们存在的大地之上。"[12] 恰恰因为这些原初性的、关于存在的疑惑无法通过精确的概念与推理来解答，"绝对隐喻"才成为几乎是触及这些问题的唯一方式。"通过给予某种指向，绝对隐喻的内容决定了一种特定的态度或者行为；它们给予一个世界以结构，展现出真实无法体验、无法理解的整体性。"[13] 柏拉图的洞穴是一个绝对隐喻，笛卡尔的魔鬼、康德的彼岸、海德格尔的黑森林农宅也是绝对隐喻。重要的不在于这些隐喻物本身的形态，而是它们所指向的"特定态度与行为"，以及与之相关的"世界的结构"。

董功的隐喻不同于"酒瓶"与"裤子"之处就在于他选择了更有厚度的隐喻物，得以触及那些根本性的问题。而就如布鲁门伯格所说，我们无法选择这些问题，因为"它们已经被置于我们存在的大地之上"，一个敏锐的建筑师无法对这些问题视而不见，他将通过重写任务书为这些问题提供隐喻性解答。这也解释了为何人们会对海边图书馆这样的建筑感兴趣，即使他并不了解建筑背后

131

的策略与传统。海边图书馆所要回应的是面对无法掌控的现实所感受的孤独与躲避，船长之家所表现的则是抗拒"大海仍然渴望无花果"的古典智慧。这两个建筑对于"海"的威胁作出了有些相似，但也有所不同的回应。前者试图依靠墙体的坚硬来作为抵抗，后者则依赖于更为无形的心态来给予应对，图书馆可以以知识来对抗虚无，船长之家则以家庭的平和来抵消远航的诱惑。大海自身是无穷、无序与不可知的绝对隐喻，建筑师则以洞穴与岸边的船这两个隐喻来给予回应。这两个故事还远远没有穷尽人与海之间的可能关系。

与这种根本性的目的相关的是设计手法。在海边图书馆与船长之家中都可以看到董功如何将多种传统、原型、视角以及隐喻汇聚到一起。尤其是船长之家，不仅是新旧墙体、新旧楼层、新旧窗户，更有趣的是建筑与基础、楼体与拱顶、传统民居与雪铁龙住宅这些异类元素的组合。如果放弃现代主义对一种纯粹体系的偏爱，这种汇聚可以避免折中主义的贬称，获得理所应当的尊重。海德格尔并不认为建筑在创造什么，它所做的是汇聚（gathering）[7]，通过将根本性的关系汇聚在一起，物才成为物，艺术品才成为艺术品，世界才成为世界，人才成为人。如果觉得将福建渔村的船长与海德格尔联系在一起过于牵强，可以考虑这样的事实：船长之家中的堂屋在绝大多数时间空置仅仅用于红白喜事，而海德格尔在《建·居·思》（Building, Dwelling, Thinking）中所分析的黑森林农宅也有特定的位置放置婴儿的床与"死亡之树"（tree of dead）。同样是将新生与死亡、延续与终结汇聚到住宅中，福建的渔民与黑森林的农人，以及海德格尔之间并没有太大的差异。

汇聚的理念也将我们引导到另外一个船的隐喻。对于很多本质主义者来说，船是建筑的反面，因为它缺乏根基，漂泊不定，难以信赖。在坚定的基础上建造理性的结构一直是启蒙以来许多思想家的梦想，现代主义是这种梦想在建筑中的一种反映。然而，船与大地真的存在区别吗？即使在现代地质学看来，大地不过是移动的板块，而地球仅仅是星际中漂浮的尘埃。我们是否应该放弃对大地的奢望，承认我们所能拥有的只有船。这个绝对隐喻可以用来指涉对生命价值基础的寻求，也可以用来参照对理性建筑体系的探索。如果接受这一切，将注意力从大地转向船，一个无法避免的问题仍然需要回答：如果没有大地的话，我们的船该如何建造、如何维修、如何继续承载人的生活。在回应卡纳普（Rudolph Carnap）关于建立一套纯粹和理性的语言体系的呼吁时，维也纳哲学家纽拉特（Otto Neurath）再次以隐喻作答：我们都在船上，但这艘船并不需要陆地来建造和维护，而是可以通过采集海中的漂木来不断更新。他的意思是说，语言体系不可能通过纯粹的理性建构来获得，更有可能的是通过传统与历史的积聚来形成。

这一论断也同样适用于建筑。如果纽拉特的观点是可以接受的，那么就应该放弃去从头建造一个理性和纯粹的建筑体系，采集与汇聚将是主流的建筑道路，传统、原型、隐喻将不可避免地成为建筑师最主要的原料。这在另一个层面上提示出船长之家与船的关系，因为这个建筑的的确确是由无数的漂木汇聚而成，婚丧风俗、不复存在的老屋、看似脆弱实则稳固的结构、对海的热爱与恐惧、康的窗、斯卡帕的新旧墙体、勒·柯布西耶的住宅还有阿尔伯蒂的拱顶。有趣的是，这么多差异悬殊的元素汇聚在一起并不显得突兀，这提示我们漂木之间的差异可能远远没有我们所想象的那么大。

汇聚在一起的不仅仅是建筑，也是家庭的传统。船长还在支撑着古老的家族秩序，而年轻人已经开始邀请北京的建筑师带来新的环境，一个家庭实际上也是一艘船，将各种不同的元素吸纳进来，通过家庭内部的选择与磨合不断衍生出新的传统。在这个意义上，这所岩石上的船属于船长，也属于每一个家庭成员。

图 10　从瞭望阳台看拱顶与大海，陈振强摄，直向建筑提供

董功在拱顶挖开的瞭望台将船的体验推至顶峰。观察者仿佛漂浮到了船的上空，以外部而非内部的视角来看船与海的关系。这将有助于我们避免另外一个误解，将平静的船误认为大地，在库萨的尼古拉（Nicholas of Cusa）看来，这是无知的根源（图 10）。

站在这个角落，视线掠过拱顶看向远方的大海，船长之家让人想起帕斯卡（Pascal）那简短而深邃的语句："没有选择，你已在船上。"[14]

注释：

[1] 青锋. 海与光：三联海边图书馆的两面 [J]. 世界建筑，2015 (303): 6.
[2] 青锋. 虚无时代的评论策略 [J]. 世界建筑，2014 (290): 4.
[3] McCarter R. Louis I. Kahn[M]. New York: Phaidon, 2005: 139.
[4] Bandmann G n. Early medieval architecture as bearer of meaning[M]. New York: Columbia University Press, 2005: 67.
[5] 东方卫视. 悬崖上的家. 梦想改造家第3季第10集. 2016.
[6] Blumenberg H. Shipwreck with spectator: paradigm of a metaphor for existence[M]. London: MIT Press, 1997: 10.
[7] Heidegger M. Basic Writings[M]. London: Routledge, 1993: 355.

参考文献：

1 Behne A. The modern functional building[M]. Calif: Getty Research Institute for the History of Art and the Humanities, 1996: 123.
2 Kahn L I, Latour A. Louis I. Kahn: writings, lectures, interviews[M]. New York: Rizzoli International Publications, 1991: 171.
3 东方卫视. 悬崖上的家. 梦想改造家第3季第10集. 2016.
4 Blumenberg H. Care crosses the river[M]. Calif: Stanford University Press, 2010: 68.
5 Heidegger M. Basic Writings[M]. London: Routledge, 1993: 167.
6 ibid.
7 东方卫视. 悬崖上的家. 梦想改造家第3季第10集. 2016.
8 Neumeyer F. The Artless Word: Mies van der Rohe on the Building Art[M]. Jarzombek M 译. London: MIT Press, 1991: 250.
9 Bachelard G. The poetics of space[M]. New York: Orion Press, 1964: 24.
10 Blumenberg H. Care crosses the river[M]. Calif: Stanford University Press, 2010: 18.
11 Bindeman S L. Heidegger and Wittgenstein: The Poetics of Silence[M]. Lanham, MD: University Press of America, 1981: 7.
12 Blumenberg H, Savage R. Paradigms for a metaphorology[M]. New York.: Cornell University Press: Cornell University Library, 2010: 14.
13 ibid.
14 Blumenberg H. Shipwreck with spectator: paradigm of a metaphor for existence[M]. London: MIT Press, 1997: 18.

坡道上下

——阿那亚启行营地设计评论

很早之前就在简盟看到过阿那亚启行营地的模型。贯穿整个营地的坡道是最引人注目的，它定义了设计的总体形态与组织特征，简单而明确。然而，当我真的置身建筑之中，才意识到模型的欺骗性，伴随着尺度的缩小，它掩盖了这个建筑中出人意料的丰富性。这种转变也构成了这个设计中最有趣的地方，明晰与多元，确定与不确定之间的交融造就了建筑的独特个性，也构成了建筑师张利作品序列中一个特殊节点。

差异片段

因为周边社区还没有完工，现在只能从东南角进入营地。直接面向道路的坡道让人在远处看不出它的体量，只有走到营地墙边，才能看见伸展到将近 15 米高度的支撑墙与直线斜坡的强硬延展。这种尺度，不像是儿童营地，更像是跨越头顶的立交桥。素混凝土、直截了当的结构碰撞以及明白无误的意图，让人回想起 50 年前那个对巨构（mega-structure）充满热忱的时代。

外围墙上开有很多洞口，窗与门的差别被刻意消融，简化为抽象的长方形孔洞。几条控制线仍然清晰可辨，引导人们看向草地、立交桥、天空等不同性质的框景。海风可以穿过孔洞吹进院子里，混凝土墙体的厚重让位于几何构成的灵活与通透。虽然在墙外透过这些洞口已经能够看见内院的局部，但是在穿过门洞的那一刻仍然难免惊讶。呈现在眼前的是一个异类的回廊方院（图1）。围墙限定了院子的方形边界，坡道的起点位于院子的另一角，迅速抬升转折之后变成了环廊的屋顶。两排十字形截面的圆角柱明确地渲染出柱廊的印象。高度、宽度、空旷以及曲线轮廓都进一步固化了环廊的文化属性。很难想象紧靠着完全功利性的"立交桥"的，是这样一个充满传统内涵的院落。作为历史研究者，自然而然地会将它与典型的修道院回廊方院相联系。十字形截面的立柱看起来与罗马风与哥特的束柱有些类似，从顶到地统一的混凝土材质透露出出世般的克制。如果有僧侣在这里漫步沉思，不会让人觉得有任何异常。

唯一的例外是扭转向上的坡道，它并不属于这一类型传统，但从远处延展到头顶的那条曲线仍然可以唤起对圣彼得广场巴洛克柱廊的某种联想。这种关联可以在阿那亚启行营地本身的文化教育属性中找到合理性。作为学院建筑的前身，修道院的回廊方院仍然是很多人心目中此类设施的经典原型。院落中心专门移植过来的大树也印证了这一意图，它的中心位置显然在强调某种象征性，按照路易斯·康的观点，大树是比方院更古老的学院原型——所有的学校都诞生于在树下向他人讲述的人 [1]。

这些要素或许解释了张利为何要将整个项目一半的场地用于这个并无确定功能的院落。在模型上，院子只是为坡道的升起提供必要的回旋场地，但在实际建筑中，给人更强烈感受的则是坡道下柱廊。这里的坡道在长度与高度上与"立交桥"相差并不悬殊，但它丰富的文化内涵则是后者所缺乏的。同样站在坡道下方，方院传达的是文化的厚重与传统的稳固，"立交桥"所传递的则是冷漠与强硬。这截然不同的两面，仅仅一墙之隔。我们可以设想，如果进入的门洞再窄小一些，是否可以进一步提升这种差异的戏剧性？另一个让方院变得特殊的，是对面的坡道。它宽大的入口会对人产生一种进入的诱惑，视线会追随曲线盘旋向上。这种动势不同于传统方院的稳定性，斜坡的连续性将这两种冲突的气质连接在一起。在类型的文化联想与反类型的异类元素之间，建筑师创造出一个并无定论的阐释空间。

与院落并排站立的是营地的主体建筑，它容纳了所有的房间。在平面结构上，它与南侧的方院几

图1 透过外墙开口看外院,储配提供

图2　总图，简盟提供

乎完全相同，近乎方形的外部边界，盘旋坡道的内缘限定出内院的轮廓（图2）。建筑师只是把方院里的柱廊封闭了起来，变成了室内空间。因为坡道抬升，这一部分有足够的高度在坡道下设置二层，上面布置了营地成员的住宿房间。一层采用了典型的开放空间，除了南北两侧设置教室之外，整个一层是一个联通的环形空间。内院的曲线轮廓带来空间大小尺度的变化，可以适用于不同规模的组织活动。除了局部的墙体外，一层的四周都使用了落地横条窗，由于屋顶与地面的材料相近，整个空间在视觉上失去了上下的区别，窗外的景致被限定在非常典型的密斯式抽象框景之中。

二层的房间沿方形边缘规整布局，一条内廊将各个房间联系在一起。内廊宽度的变化也来自于曲线轮廓的变异，它在局部缩减为走廊，在角落则扩展为一块休息场地。这一部分的内院相比于南侧的方院在尺度上大幅缩减，围合性加强，竖向性也更为明显。站在二层内廊上可以体验到强烈的汇聚性，下方的一层院落更像是天井。虽然不是完整的圆形，但这种回廊内院的布局类似于福建土楼的空间结构，一个营地成员站在自己的门前，可以看到所有同伴的房门，甚至可以通过一层的落地玻璃看到下面人的活动（图3）。视觉交流的开放性对于凝聚整个营地的社区归属感显然会有很大的帮助。我们看到很多营地成员们在廊道上停留交谈，并且跟随阴影的移动转移到不同的区域中去。人的活动与太阳的季节性轨迹建立起某种关联，仿佛是古老的占星术得到了另类的复活。在北方海滨地区采用开放回廊的代价是要直面寒冷与潮气的侵蚀，在舒适性与文化属性之间，并不一定总能完美契合。

建筑师所采用的木材墙面也有助于对土楼联想。这显然是为了软化居住部分的生活氛围。不同厚度与色彩的木材横向叠加，呼应了传统的井干式结构。张利在嘉那嘛呢游客到访中心曾经使用过

图3 内院，简盟提供

这种处理手段。熟悉勒·柯布西耶的人或许能在木材的原始与质朴以及门窗的窄小中看到他地中海木屋（Cabanon）的影子。类似的，格罗皮乌斯与阿尔托也使用过这种建造方式，他们的索莫菲尔德住宅（Sommerfeld House）、玛利亚别墅（Villa Mariea）都试图证明，最原始的结构与最现代的艺术成果之间并无藩篱，只是这种可能性已经被太多的建筑师所忽视。在阿那亚启行营地，木质的纹理与色彩在灰色混凝土材质的夹层蛋糕中彰显出自己特殊的用途与气质。

虽然还没有真的走上坡道，它在整个项目中的组织性角色已经显而易见。回廊方院与房间主体两部分所形成的"日"字形结构就是由坡道的外缘所定义的。相应的，坡道的内缘划定出两部分不同大小的内院。虽然有高度与层数的变化，所有的房间与半围合空间都在坡道的覆盖之下，仿佛坡道早已建造完成，此后才有人将坡道下的空间转化为房间。实际上，在我们参观时，建筑师的确在和业主商讨，要将立交桥下面的空洞改造成为餐厅。大量存在的冗余空间为这种转变提供了可能性。

与坡道下的多样化场景形成鲜明对比的，是坡道上的景致。因为有足够的宽度与高度的盘旋变化，在最初的设想中这里会成为营地室外活动的理想场地（图4）。将来，孩子们可以在这里开展各种各样的游戏活动。但我们到访时是炎热的夏季，平滑的素混凝土斜面上空无一人。建筑师为了维护材料的纯净而拒绝在坡道上铺砌任何防滑材料，这使得雨后的坡道攀爬起来并不容易。伴随着高度的提升，地面上的树木与建筑逐渐消失在视线主体之中。被雨水淋湿的水泥地面开始反射天空的颜色，体量的真实感被掩盖了，人似乎在镜面上行进。周围的一切都失去了边界，消融在天光的弥散之中。这种特殊场景显然会影响人的心境，抽象与净化会给予行走某种仪式感，漫无目的的闲逛变成了类似朝圣的旅途。虽然并不知道神圣何在，你也会不由自主地在酷热与潮气中走

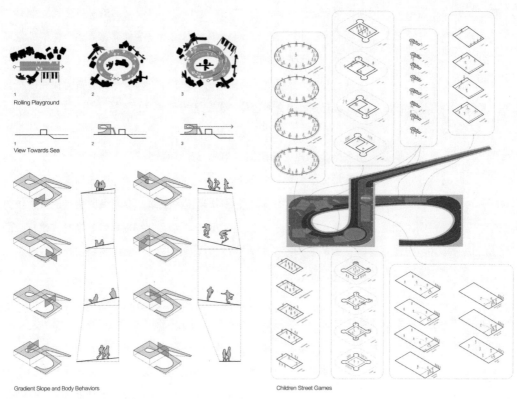

Rolling Playground

1 2 3

View Towards Sea

1 2 3

Gradient Slope and Body Behaviors

Children Street Games

图 4　原本设想在坡道上展开的游戏，简盟提供

图 5　在坡道上行进，简盟提供

完整个行程（图 5）。这种孤独而怪异的体验与建筑师最初所设想的显然大相径庭，但它的确是现实存在的。不同的人或许有不同的联想，我忍俊不禁地设想一种西西弗斯（Sisyphus）式的游戏，在起点处放一个大球，让人顺着坡道把球推上去，然后再让它自行滚落。没有什么地方比阿那亚启行营地的坡道更适合这个游戏，至于西西弗斯们感受到的是孤独、绝望，还是坚毅与轻蔑，游戏者们或许并不需要加缪（Albert Camus）的帮助就能得到答案 [2]。

这只是这条坡道潜藏的可能性之一。目前的空白状态为未来的改写留下了巨大的空间。据我所知，建筑师已经有了在上面安装滑梯等娱乐设施的计划。如果得以实施，坡道上给人的体验将完全转变。当前的悬而未决反而是一个令人浮想联翩的有趣状态，但周边的居民已经不愿意等待，在日落的黄昏，这里成为他们散步的理想场所。

所有这些片段，都是我在模型上没有意识到的。在鸟瞰之下，人的注意力很容易被坡道的整体性所占据，忽视了坡道下与边缘部分的场所特征。但实地的探访让我意识到坡道的上与下、内与外、中心与边缘，以及顺坡道延展的不同阶段所容纳的巨大差异性。它来自于尺度的变化，也来自于对不同传统的援引。从这些片段之后，还可以看到建筑师在设计方法上的指向性，这提示我们在更为总体的角度来审视设计的体系特征。

多米诺与坡道

阿那亚启行营地位于一片原本空旷的荒地上，周围后续建造的西班牙风格别墅显然不可能提供任何文脉线索，建筑师必须对语汇起点做出选择。在这个项目中，现代主义传统的根源性地位是极

图6 营地室内，简盟提供

为明显的。整个设计的"日"字形构图与多米诺单元长方形平面的相似性就值得注意。除了外形，张利坚持让所有的柱子都独立在墙体之内，在任何可能的地方展现楼板的悬挑也是典型的多米诺特征。在阿那亚启行营地里，位于边缘的柱子与内部柱子的鲜明区分，当然不是出自于结构需求，而是要突出多米诺体系柱子与楼板边缘的建构关系。

多米诺体系的原型特征还影响了张利对楼板的处理。勒·柯布西耶采用的无梁楼板并不适合大跨度空间。阿那亚启行营地的规模比多米诺的住宅单元要大得多，但为了保持楼板的纯净性，张利选择了用完整的混凝土面封闭楼板的底层，从而掩盖了整体的梁架体系。为此付出的代价是楼板整体厚度的增加，但是边缘的切削处理有效地减弱了视觉厚度，楼板的片状效果得以维护。这一努力的结果，是人几乎在建筑的任何地方都无法看到梁的存在，柱子上下两端所接触的是同样纯净和光滑的混凝土表面（图6）。这是典型的风格派消除空间上下对立的做法。被剔除了重力秩序的上下表面变成了纯粹的空间边界，密斯的玻璃展厅与巴塞罗那馆是这种经典现代主义手段的代表性案例，这也解释了前面提到的一层大厅中强烈的密斯式氛围。

为了减弱柱子的体量，张利在暴露最多的外缘列柱上使用了十字形截面。出于同样的目的，密斯在巴塞罗那馆与图根哈特住宅中也采用了十字形截面。只是为了进一步消除实体感，密斯还包裹了镀铬的金属外皮。阿那亚启行营地的柱子没有反光表皮，十字截面的光影反而强化了柱子的竖向性特征，哥特式的束柱效果可能是无心插柳的结果。

坡道也属于典型的现代主义元素。虽然大型坡道的历史可以追溯到两河流域的苏美尔塔庙，但在现代主义之前它只被视为一种室外道路设施，其地位远远不能与有着类似功能的阶梯相提并论。

只是在现代主义早期，伴随着先驱们对工业建筑合理性的崇尚，坡道这种生产性设施才被引入主流建筑体系之中，并且成为区分现代与前现代的标志性元素之一。勒·柯布西耶是当之无愧的先驱，他 1923 年在拉·罗什 - 让纳雷住宅画廊中设立的弧形坡道率先展现了这种元素的独特魅力。在随后的萨伏伊别墅、消费合作社中央联盟总部大楼中，坡道都成为设计的核心。对坡道的钟爱一直延伸到他的晚年，贯穿哈佛大学卡朋特艺术中心的混凝土坡道是其所有建成作品中最强烈的。它模糊了街道与建筑内部路径之间的界限，也削弱了建筑内外的对立性。这一点在阿那亚启行营地也得以重现，勒·柯布西耶用窄片墙支撑坡道的做法也在前面提到的"立交桥"部分被忠实复原。

从某种程度上说，多米诺体系与坡道构成了勒·柯布西耶原创性语汇的重要组成部分。这一点在他的追随者身上体现地更为鲜明。坂仓准三（Junzo Sakakaura）的 1937 年巴黎世界博览会日本馆以及卢西奥·科斯塔（Lucio Costa）、奥斯卡·尼迈耶（Oscar Niemeyer）与保罗·韦纳（Paul Wierner）合作完成的 1939 年纽约世界博览会巴西馆都基于多米诺体系与坡道的结合。坡道的穿透性与多米诺框架的开放灵活相互对应，似乎可以回溯到爱德华·让纳雷沿着山道走进多立克柱式的雅典卫城山门（Propylaea）的体验。在阿那亚启行营地，上下两层坡道交错的洞口在一定程度上重现了这种进入的仪式感。

勒·柯布西耶当然不是唯一使用坡道的现代主义先驱，布林克曼（Johannes A. Brinkman）、凡·德·弗拉格特（Leendert Cornelis van der Vlugt）与马特·斯塔姆（Mart Stam）的鹿特丹凡·内勒工厂（Van Nelle Factory），路贝特金（Berthold Lubetkin）、奥威·阿鲁普（Ove Arup）合作完成的伦敦动物园企鹅池以及赖特的古根海姆博物馆都依靠坡道的独特性获得了不同凡响的效果。从它进入现代主义体系开始，坡道就以其特有的连续性与独立性构成了标准正交几何体系的反抗者，多米诺体系与坡道的并置只是这种互补关系最鲜明的体现。

这样的并置关系也是阿那亚启行营地的立足点。从外部精确的长方形边界到明晰的竖向秩序，建筑师完全自愿地接受了严格的限制，如果不是为了反衬坡道的特异性，很难解释在一片开放郊野之中采纳如此僵硬的框架的意图。从效果看来，建筑师所做的自我限定物有所值，坡道带来的灵活尺度变化帮助塑造了前文所提到的差异性片段。通过与多米诺体系的深度切合，阿那亚启行营地的坡道不再停留于提供旁观的路径，而是本身成为场所领域的主要塑造者。就像前面提到的，传统的坡道核心在于行走的场景变化，但是在阿那亚，坡道下差异性的空间氛围对于整个设计更为重要。

这一点也构成了阿那亚启行营地与此前的现代主义先例最明显的不同。比如在卡朋特中心，坡道虽然穿透了建筑中心，但是与两边建筑主要的体量仍然是疏离的，沿坡道行走甚至会有一些失望，如此重要的元素并没有带来多么富有吸引力的空间体验。古根海姆博物馆也存在类似的现象，环形盘旋的坡道让人能够在不同高度体验采光中庭，只是单一的注意点难免会引发厌倦。在这一方面，萨伏伊别墅坡道所带来的感受是最丰富的，即使这样，它也只是一个孤立的观察路径，提供了底层车库、二层起居室与花园、三层日光浴室的移动视点，本身并不是这些核心空间的主导性构成元素。但是在阿那亚启行营地，坡道的参与性要强得多。我们可以设想如果没有这条坡道或者将它改成平屋顶，那么几乎所有的核心要素都将失去附着。不可能再有"立交桥"与方院的差异、难以理解两个内院平面形状的来源，更不用说西西弗斯式的体验了。在阿那亚启行营地，几乎所有重要的场景都围绕着坡道上下、内外展开。这让我们想起勒·柯布西耶在高速公路下方建造线性城市的恢宏设想。在他的阿尔及尔规划中，高速路下的多米诺框架体系为无穷无尽的多样化住宅提供了空间。同样，在阿那亚，建筑师在坡道下营造出从修道院到土楼等不同传统的文化联想。

严格地说来，坡道创造多样性的角色并没有改变，只是它参与的方式，以及多样性的内容相比于现代主义早期有了更大的扩展。在萨伏伊别墅与卡朋特中心，虽然有尺度与空间形态的变化，坡道串联的仍然是从属于一个现代主义体系的各种片段。在古根海姆，甚至是赖特著称于世的丰富性都让位于核心空间的统治力。自 20 世纪 60 年代以来，对正统现代主义最深刻的批判并不在于具体语汇，而是针对多样性、丰富性以及文化内涵的丧失。恰恰是在这一方面，坡道这种现代主义元素得以更充分地施展它的潜能。20 世纪晚期西方建筑界对于法国哲学家德鲁兹（Gilles Deleuze）"褶子"（fold）理念的追捧为这种批判找到了新的话语。德鲁兹以巴洛克长裙的丰富褶皱说明，一个连续折叠的体系可以将古典理性与它的对立面糅合在一起，形成一种容纳了对立与多样性的综合体，但并不导致冲突与断裂 [3]。从建筑角度看来，德鲁兹的表述与文丘里的《建筑的复杂性与矛盾性》，库哈斯的《癫狂的纽约》，格雷格·林（Greg Lynn）的夹层蛋糕，以及索莫尔（Somol）与惠廷（Whiting）的多普勒效应并无根本性的差异 [4]，都反对单一体系的独断，强调将多样化的事物融合在一个混合的整体中。

正是这种理念上的差异，而不是风格语汇的差异，才构成了正统现代主义与后现代主义之间的真正区别。今天很少有人再提及古典拼贴、表面装饰等后现代主义风格，但是"褶子"及其所代表的多元融合理念仍然在推动最前沿的探索。近年来在各地新建筑中兴起的连续折板与斜坡元素，就是将这种哲学理念直接具象化所产生的结果。相比之下，阿那亚的折叠更为克制，但效果甚至更为强烈。建筑师在一套正统现代主义语汇下的折叠操作，再一次提醒我们，这并不是风格的守旧，而是理念的更新。从某种角度来看，阿那亚启行营地是对《建筑的复杂性与矛盾性》的另一种印证。文丘里正确地指出，复杂性与矛盾性并不仅仅属于后现代，而是贯穿于从文艺复兴到现代主义的所有主流建筑传统之中。它是超越风格，推动建筑创造的原动力之一。

结语：准确性之外

在张利的作品序列中，像阿那亚启行营地这样有着现代主义标志性特征的作品并不多见，它是建筑师主动选择的结果。从柱、梁、楼板的处理，到材质、边界、几何比例的控制，阿那亚启行营地都毫不掩饰地在向现代主义靠拢。在表面上看来，这与张利此前的作品有极大的差异，但是抛开风格的区别，阿那亚启行营地只是再一次展现了张利在传统选择上的灵活性。他所主持的简盟工作室将自己的设计哲学定义为对历史、自发性以及非工业化技术的学习，这也意味着对于历史传统、民间传统以及技艺传统保持开放。所以我们能看到嘉那嘛呢游客到访中心对藏族民居传统的尊重，安东卫绳网市场对自发性组织体系的维系以及南锣鼓巷游客到访中心对民间建筑更替模式的延续。能够在不同的传统之间转换与切入，恰恰是张利近年作品的总体特点。

在今天，现代主义也已经可以被视为一个经典传统，特别是在经过挑战与批判之后，那些仍然能够留下来的东西反而证明了这一传统的生命力。选择一个传统不仅仅是选择一种语汇，同时也是选择一系列的英雄、神话、传说、阐释以及信念。我们已经讨论了阿那亚启行营地多米诺体系与坡道的结合如何延续了从前现代到后现代一个核心主题的演化进程。在历史研究者看来，这个项目有一些化石般的意味。斯宾格勒曾经借用矿物学的"假同晶"（pseudomorphosis）理念来描述文化史上新的内容去填充旧的问题，就好像新的矿物去填充旧矿物消失后留下的空隙。这个理念的作用在于提醒我们不要根据外观特征将新矿物仍然当成是旧矿物，那么我们也不应将张利所使用的各种传统当成简单的搬用，它们是对一个仍然存在的问题的再一次占据与应答。作为一个有着强烈学院背景的建筑师，张利的这种选择显然与他对建筑历史传统的认识以及对当代建筑思潮的敏感有关。

虽然在面向传统的开放性上，阿那亚启行营地在张利的作品序列中并无特殊，但是在设计方法上，这个项目的确有其不同之处。在最初的方案中，整个营地位于一座山丘旁边，盘旋坡道到达顶端之后可以直接与山顶平行连接，这样整条坡道就成为前往山顶运动路线的一部分，阿那亚启行营地也就类似于詹姆斯·斯特林的斯图加特国立美术馆一样，以一条连接不同标高的道路穿过建筑的核心部位。如果这个原始方案得以实施，那么坡道的存在理由就会更为充分，整个项目的设计逻辑也更为紧密。后来项目更换了场地，不再有山丘与坡道相连，这才添加"立交桥"的尾巴，连接地面与坡道的最高点。这一改变让坡道失去了一项重要现实依据，仿佛某种遗迹，过去的功能已经不复存在，但是体量与形态仍然坚硬。在表面看来，这种变化是一种损失，设计的推理基础受到了损害，坡道的地位变得不那么明确，似乎并非必不可少，更像是为了建筑师的个人目的而存在的。但是，如果我们将这个现象放在张利的作品序列中来看，这种损失或许也可以被视为一种契机。

或许是出于教师与专业研究者的职业特性，张利的作品历来强调明晰的设计理念以及有序的逻辑关系。嘉那嘛呢游客到访中心对 11 个圣地的指向，上海世博会中国馆屋顶花园对"九洲清晏"的对应诠释，金昌市文化中心对西北山脉的隐喻，这些作品都印证了张利从理念到操作的对应设计方法。理念作为设计的起点与基石是很多建筑师所认同的，但挖掘到具有价值的理念并不容易。这是张利非常具有优势的地方，很少有建筑师做到这样的敏锐、准确与清晰。让现实像理念一样

151

完美与精确，这是柏拉图主义的经典理想，它驱动了建筑师们对理性设计方法的探索。在理想状态下，建筑设计将成为一种有着数学般精确性的推理过程，而不是大量因素的含混交织。张利当然不是柏拉图主义者，但是他此前作品在理念与现实之间的紧密联系就具有这样的精确性，似乎没有什么东西是不确定的，几乎所有的主要元素能够在理念中找到依据，整个设计成为一个包裹坚实的理念转化物。用并不准确的术语来描述，这是一种宽泛的理性主义。但是在精确性的另一面，则是对模糊性与不确定性的牺牲，在有些建筑师看来，后者反而是设计的起点。最有代表性的或许是卡洛·斯卡帕（Carlo Scarpa），在谈到佛罗伦萨与威尼斯的区别时，他说道："我不能否认托斯卡纳建筑给我留下的深刻印象，但是那种准确性，那种确定性不属于我，我是我的家乡真实的子孙，我对自己的根有着强烈的情感"[1]。这里，斯卡帕将佛罗伦萨建筑的纯净与秩序与威尼斯的混杂与多元对立了起来，建筑师自己当然属于后者。斯卡帕迄今为止仍然无人超越的能力，就在于驾驭威尼斯那样一种复杂传统的能力。他的设计是无法预测和难以梳理的，但没有人能否定它们的强烈感染力。

之前也提到了，张利的作品也强调对不同传统的接受，但是在每一个作品所选择的传统内，仍然有清晰理念进行严格的控制，由此得到的结果是"托斯卡纳式的准确性与确定性。"一个自然而然地期待是，"威尼斯式的含混与不确定性"是否也有可能发挥更大的作用？一切都可以被精确控制与理解作为理性主义理想具有的价值，但在此之外如果还有些什么是意料之外的，是否可以更加耐人寻味，也能够触发更为多元的反应。在2015年完成的南锣鼓巷游客到访中心里，已经可以看到理念控制的放松。整个建筑更像是许多片段的集合，而不是从上至下的理念贯彻。阿那亚启行营地无疑又前进了一步，当坡道成为遗迹，它的交通作用被缩减了，但是它对整个建筑不同场所的贡献则更为凸显出来。多米诺体系与坡道的斜面并不能那么容易的黏合在一起，因此整个营地中出现了大量并无明确功能定义的空间，比如方院中坡道下方的柱廊，以及主体部分二楼屋顶与坡道顶部之间的夹缝。这些空间看似缺乏明确的限定，但是在实际运营中，它们被转化成为球场、课堂、音乐厅以及杂物间。最受欢迎的是宿舍顶部与坡道底部之间的夹缝，这里低矮的尺度，良好的声学条件，以及充盈的海风一同塑造出理想的室外活动场地。不确定性在理念上或许不够完美，在现实中却成为更多可能性的基础性条件。在很大程度上，阿那亚启行营地的建筑特色就来自于坡道与常规建筑要素比如地面、露面、屋面之间随处可见的冗余空间。这让人想起康未能实现的萨尔克研究所会议中心。他一直未曾放弃的理念是用片段墙体模拟的废墟遗迹来环绕建筑主体，利用两者之间的冗余空间创造复杂的光影变化。阿那亚启行营地也可以被视为坡道与建筑主体通过缓冲空间进行联系的产物，康所预言的丰富光影效果也在方院、土楼、坡道上下的不同场景，在墙面、地面与顶面的明暗变化中得以呈现。

虽然起源于山丘地貌，这条坡道实际上并不需要这一理由才能成立，当建筑师给予它充分的自由与尊重，它对建筑的回报也超越了最初的想象。这并不意味着建筑不需要理念，而是说理念本身也可以包容不确定性、包容未知、包容神秘或者是个人直觉。在张利此前的作品中，几乎没有什么元素像阿那亚这条坡道获得如此宽容的条件，甚至到了有些任性的地步，收获的成果则是比此前的项目更为强烈的丰富性与多元体验。

正是在这个意义上阿那亚启行营地成为张利作品中一个特殊节点。一方面它是正统的，因为经典现代主义语汇的自我限制；另一方面它也是非正统的，因为方院、土楼、西西弗斯之环的并置联想。这两者并不一定矛盾，就像康德所说的，我们只有清楚认识到自己的限度，才可能正确地对待那些限度之外的问题，否则只会陷入盲目的独断或者是欲望的无穷折磨之中。阿那亚启行营地

图 7   儿童在外院廊道中游戏，简盟提供

的限制与超越，确定与不确定，单纯与复杂来源于对同一个传统的接受与诠释。这让我们想起了德·基里科的形而上学绘画。通过对意大利广场这个熟悉主题的反复描绘，画家将人们引向另一个形而上学世界的揭示。在阿那亚启行营地的西侧边缘，墙体与坡道之间错动的倾斜关系会让人难以找到透视灭点，仿佛失去了对体量与空间几何关系的把握。这种冲突的透视关系恰恰是德·基里科形而上学绘画的典型特征。杰出的创造者并不会对自我限定感到恐惧，往往是我们最熟悉的东西，可以帮助我们去感知最不熟悉的事物。"一遍又一遍地重复同一件事情来获得不同的结果不仅仅是一种练习；它是一种发现的自由"[2]。罗西的话在阿那亚启行营地中也获得了印证，我们永远无法预测，在一个经典传统的再次实践中，还会有什么样的自由与发现将会浮现（图 7）。

注释:

[1] 参见 Kahn L I, Latour A. Louis I. Kahn: Writings, Lectures, Interviews[M]. New York: Rizzoli International Publications, 1991: 84.

[2] 希腊神话中触犯众神，被罚将一块巨石推上山巅，然后任其滚落，周而复始，永无止境。法国哲学家加缪用这个故事来阐释存在的意义。参见 Young J. The death of God and the Meaning of Life[M]. London: Routledge, 2003: 163–166.

[3] 参见 Deleuze G. The Fold: Leibniz and the Baroque[M]. London: Continuum, 2006: 53–68.

[4] 格雷格·林的夹层蛋糕理念，参见 Sykes K. Constructing a new Agenda: Architectural Theory 1993–2009[M]. New York: Princeton Architectural Press, 2010: 35., 索莫尔与惠廷的多普勒效应理念，参见 ibid. 191–202.

参考文献:

1　McCarter R. Carlo Scarpa[M]. London: Phaidon Press, 2013: 11.

2　Rossi A. A Scientific Autobiography[M]. London: Published for the Graham Foundation for Advanced Studies in the Fine Arts, Chicago, Illinois, and the Institute for Architecture and Urban Studies, New York by the MIT Press, 1981: 54.

编织者

——原地建筑长白山度假屋设计评述

图1　度假屋室内的木质表面，夏至摄，原地建筑提供

石头

原地建筑主持建筑师李冀在长白山池北二道白河镇度假屋项目中一个重要设想还未能实现。他原打算将几块大型火山岩摆放在度假屋内部，但是业主还不能确定是否要在建筑内部摆上几块并无实际用途的大石头，原本留给石头的地方，成了一片空地（图1）。在早期概念模型中，李冀用几块石子模拟了石头放置后的效果，木材的平整与柔和构建出一个宁静的氛围，让石头的嶙峋与坚硬凸显出来（图2）。阳光让两者的并置变得更为自然，嶙峋与平静成为各自不可或缺的条件。这也是为何石头的缺失对于这个项目有着关键性的影响，没有了火山岩的重量与肌理，整个度假屋内部的极简主义界面就缺乏了一种平衡。有一个很好的案例说明了这两种元素之间的互存关系——路易斯·巴拉甘（Luis Barragán）的佩德雷格花园（Jardines del Pedregal）项目。这个项目位于墨西哥城南部一片被火山熔岩占据的空地上，熔岩"巴洛克式夸张的纹理与形态"令巴拉甘着迷，他决定"强调岩石的美，利用它们的品质与形状作为绝妙的装饰元素"[1]。然而，真正的困难是如何通过建筑与景观设计的介入，来保持、甚至是强化岩石的特性。正是在这里，巴拉甘超凡的敏锐展现了出来，"如果我们要创造与它和谐的美丽建筑形式，那就只能选择极端的简朴：一种抽象的品质，更好的是直线、平整表面以及基本几何形状"[2]。巴拉甘用平整的草地与洁白的墙面来呈现"极端的简朴"。当这两种常见的都市化元素与突兀的火山岩结合在一起，它们往常空洞的沉默被转化成谦逊的宁静，而火山岩本身也脱离了原属的自然环境，以一种更为纯粹的方式，将自己不可简化的坚硬与参差展现出来。正是这种并置与融合，造就了一个经典的建筑与景观设计案例。

巴拉甘所描述的，实际上也是李冀所想要实现的。长白山本就是中国最著名的火山之一，当代所盛产的火山岩也比一般的岩石有更为丰富的肌理与形态，大量的孔洞与尖角，在阳光下赋予岩石

图2　包含有石头的理念模型，原地建筑提供

极其复杂的光影效果。巴拉甘所使用"巴洛克式的夸张"一词精确地描述了这种岩石的感官特征。"极端的简朴"解释了李冀为何要在度假屋内部地面、墙面、顶面使用在色彩和纹理上都近乎完全相同的木质材料。天然木材的质感被压制了，工业化加工的光滑表面带来一种抽象的几何氛围。如果原来的想法得以实施，岩石与极简主义的室内氛围将成为良好的陪伴，创造一种巴拉甘式的宁静与活力。但是目前，中厅的阳光只能扫描出木材的纯粹，度假屋室内呈现出一种接近于美术馆式的静默，我们只能想象岩石的到来会给这里带来怎样的"无声的欢愉"（silent joy）[3]。

树木

对石头的利用，从一个侧面体现了李冀在长白山度假屋项目中所采用的整体策略，也就是对天然元素的尊重与融合。在设计开始以前，他们就对场地内的原生树木、露出地表的块石，以及特殊的地形地貌进行了逐一测量标记。这些元素都成了方案的核心要素。虽然与岩石的结合还没有完成，但建筑与树木的关联构想已经得到了完善的实现。

从整个项目的鸟瞰照片中看去，每个度假屋单体都采用了中心放射的组织形态，各个分支不同的大小、长短以及差异化的指向，让一个个度假屋看起来就像是放大的树枝节点，散布在树林边缘（图3）。原生树木与建筑分支之间的咬合，部分解释了建筑体量的分布逻辑，在树木之间空隙较大的地方放置体量更大的分支，空隙较小的地方是服务性的分支，而分支之间的空隙往往是留给早已存在的原生树木。总体看来，这些度假屋并没有一个统一的主导朝向，在不同的单体里，同样的功能分支可能指向东北也可能是西南，这也是它们与此类建筑传统的设计差异明显的地方。北方地区人们对南向的热衷往往带来建筑对向阳面的全面占据，树木要么被移除让出光线与场地，

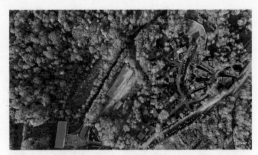

图3 建筑与树木的交织，夏至摄，原地建筑提供

要么只能偏居在建筑的阴影之外。在人与树对自然资源的争夺中，能够限制前者的只有人自身的克制与谦逊。要在寒冷的东北地区放弃对纯南向的占有欲，李冀的设计策略透露出极大的克制。这些度假屋不仅是在形态上与树木相近，更为本质的关联是在生成方式上。就像树木的分支会自动寻找能够获得生长条件的空隙，建筑体量的伸展也是依据现有条件下树木间的空地条件。条件更充裕的地方，枝条更为粗壮，建筑体量也更大。这些度假屋不再是单纯的驱逐者与占领者，而是以与树木类似的模式一同生长。

"设想整个建筑在各种条件下生长出来，就像树从土壤中生长出来，自由地成为自我，仿佛树一般'依自然生活'。在自然中像树一样高贵。"[4] 就像勒·柯布西耶喜欢机器的比喻，赖特最喜欢将建筑比喻成树。"生长性"是有机建筑理论的核心原则之一，赖特的橡树公园住宅与工作室是对这一原则的经典诠释，建筑师让我们看到一个作品怎样与家庭和事业的成长一同延展、扩张。从"生长"的意义来说，长白山度假屋归属于这个广为人知，却少有追随的有机建筑传统。建筑与树木的亲近关系让人联想起赖特另外一个著名的别墅作品，米拉德住宅（Millard House）。赖特抽象的有机建筑原则在具体设计时会引发出人意料的选择，比如在建筑选址布局上。他为流水别墅重新选址的故事早已是现代建筑史上的著名典故，在米拉德住宅，赖特同样做出了不同寻常的决定，他说服业主放弃已经购买的空旷场地，而是以半价购买了旁边另一块有溪谷以及两棵巨大桉树的地块。"没有人会在溪谷中建房……他们总想在所有事物之上建造，而且更倾向于在上部的中心。"[5] 赖特几乎从来不会将住宅放置在场地中心，米拉德住宅最终建造在了溪谷中两棵桉树之下，后期加建的工作室甚至将其中一棵包在两个建筑体量之间，而原先购买的平整场地则变成了整片的草地。赖特使用了厚重的预制混凝土块来建造这座别墅，在桉树浓荫与茂密植被的掩映之下，混凝土的工业性被转化为类似于石头的天然性，米拉德住宅仿佛是丛林中不知何时建造的古代庙

160

图 4　冬季景观，夏至摄，原地建筑提供

宇。很难让人相信的是，这个别墅居然位于美国人口最为稠密的加州帕萨迪纳，不远之处就是著名的玫瑰碗体育场。赖特对米拉德住宅格外偏爱，他非常清楚这个建筑背后的价值："最终，这个小住宅中开始了一种真正的建造方法；这是建筑的'编织'，任何人都不会用错；这里有自然对做作、虚假或者是无知狂妄的拒绝"[6]。也正因为如此，赖特声称，如果需要选择的话，他宁愿设计米拉德住宅，而不是罗马的圣彼得大教堂。

无论是在与树的关系、与溪流的关系以及材质的使用上，长白山度假屋都与米拉德住宅有相似的气质。建筑与树木的咬合成为一种交错的"编织"关系。在夏季，浓密的枝叶掩盖了大部分的建筑体量，密集的野草与树木甚至会让人忘记建筑仅仅是一个新加入者。冬季，虽然缺乏了树叶的遮挡，树干仍然将整个建筑竖向切割为一个一个的片段（图 4）。建筑师将当地盛产的红色火山石块铺砌在建筑外墙与屋顶之上，类似于赖特所使用的预制混凝土块，赋予建筑更强的厚重感以及更原始的肌理。在帕萨迪纳，混凝土块有助于隔绝加州的热浪；在长白山脚下，多孔的火山岩石块则将有助于抗拒北方的严寒。几段小溪在场地中穿过，切割出更大的地形高差，度假屋的各个分支本身也有高度的差异，它们与溪流之间产生了极为多元的关系。从某些特别的角度看去，溪水、坡地、树木、石墙以及若隐若现的体量密切地交织在一起，构成这个项目最为动人的场所特质（图 5）。赖特拒绝了帕萨迪纳典型的豪宅格局，才获得了亚热带丛林般的茂密与幽深，而李冀则是修复了原有游乐场对场地的侵占才赢得了树林的繁盛。从某种角度上说，长白山度假屋甚至比米拉德住宅更接近于树木，因为它们都通过钢柱架空在地面以上，就好像被一根根树干撑在空中，一方面避免了对原有地形的改变，另一方面也便于林中的小动物穿行。冬季草木褪去，这些钢柱与建筑的悬浮感才显露出来。尤其是在降雪之后，厚重的石质体量似乎漂浮在白色雪层之上，自然的融合让位于结构造就的奇异。

图 5　度假屋与溪水的关系，夏至摄，原地建筑提供

图6 度假屋平面之一，原地建筑提供

构成

虽然长白山项目中几乎每一个度假屋在具体形态上都有所不同，但是在度假屋平面上可以阅读出高度的一致性：这些度假屋单体都是基于同一种平面类型衍生而来。一个标准原型由5个中心汇聚的分支组成，分别是由车库与主卧结合形成的分支一，由一层大次卧与二层两间小卧室组成的分支二，其余三个分别是入口分支、餐厅分支以及起居室分支（图6）。在单体中，这五个分支本身并无变化，只是分支之间的角度与位置根据具体的场地条件进行调整，并且在餐厅与起居室的交叉点上设置隆起的天窗，让阳光可以渗入这一片开放空间（图7）。

这种平面类型的优点是多样性与灵活性。每个分支都相对独立，只需要在一个尽端相互连接就可以达成联通，并不会对分支主体产生太大制约。实际上，李冀已经在很大程度上抑制了五个分支的差异性，它们基本上都有相同的材料与矩形截面，仅仅是在高度与体量上有所不同，这当然是为了获得一种整体性。但是在理论上，这五个分支在塑造自身独特性上都有着更大的潜能。连接方式的灵活或许是李冀采用这种平面模式的主要原因，为了形成与树木的交织以及与溪流、岩石、树丛等四散分布的景观目标形成对向关系，李冀需要平面获得更多的指向以及更大的灵活性。以一个基本模式为起点，适应不同的外部条件，这正是有机性，或者说生物适应性的典型特点。我们已经谈到了它与赖特有机建筑理论的关联，但它深层次的思想基础则是浪漫主义"有机形式"的理念[1]，再往上还可以追溯到亚里士多德的目的论生物学。这些思想的共同点都是认为形式并非可以随意强加，而是来自于生物体内在的既定本质[2]。今天看来，这种观点似乎非常遥远，那只是因为我们已经在机械论的宇宙解释中走得太远。这也可以说明为何有机建筑备受推崇，但真正的追随者并不多，原因并不在于人们没有意识到有机建筑理论的优点，而是往往忽视了有机建筑

图 7　餐厅与起居室交汇处，夏至摄，原地建筑提供

理论的对立面——机械论、实证主义、功利主义——是如此的强大，以至于需要特殊的努力才有可能成为像赖特一样的特立独行者 [3]。有机建筑的实现并不会那么"顺其自然"，反而需要有意识地与主流切割与对抗。

由五个独立分支汇聚而成的平面，体现了一种叠加的关系。有别于现代主义中常见的完整几何形体，叠加关系中各个组成成分依然清晰可辨，具体叠加的方式对于整个形体的影响远远大于任何单一元素。切开长白山度假屋的任何一个分支，得到的只是一个石头盒子，只有当五个分支叠加在一起，当几个不同的度假屋叠加在一起，当度假屋与山、水、石叠加在一起，设计的独特性才应运而生。李冀所采用的同样是一种有着悠久历史传统，但是被很大程度上忽视了的设计策略——19 世纪末期巴黎美术学院中所盛行的"构图"（composition）原则。在朱利安·加代（Julien Guadet）著名的《建筑的元素与理论》（*Elements et Theorie de l' Architecture*）中，构图成为建筑设计的核心 [4]。当各个独立的功能性元素满足了建筑使用需求，建筑师的能力则在于将这些功能元素以恰当的构图模式组合在一起，成为整体性的建筑作品。这当然是一种典型的叠加式处理。在典型的巴黎美术学院平面中，功能要素，比如门厅、大厅、楼梯、礼堂都保持了独立的位置与体量特征，真正体现巴黎美术学院特色的是它们宏大的多重轴线构图模式，这些轴线将多样化的元素组合叠加成为一个个宏大的构图作品 [5]。虽然这种平面模式被很多现代主义者抨击为浮华而缺乏实用性，但是即使是勒·柯布西耶也在他著名的苏维埃宫竞赛中采用了这一学院原则 [6]。纵观他的作品序列，苏维埃宫形体的丰富与多元，与他从纯粹主义时代到昌迪加尔的几乎所有建成作品都有着显著的差异。这实际上就是采用构图原则与采用经典几何形轮廓两种平面路径之间的差异。

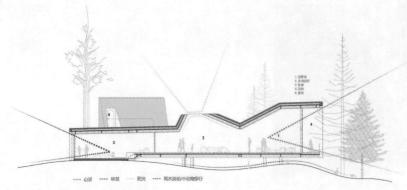

图8　剖面的如画效果，原地建筑提供

长白山度假屋的构图操作当然没有采用巴黎美院的轴线体系，但仍然是一种叠加操作，它们更接近于赖特在橡树公园自宅以及东西塔里埃森中更为自由的叠加模式。表面看来，放弃美院式的总体控制，整个构图体系有可能会失控，但赖特对此并不担心，"如果事物在有机性之下被正确地按照恰当的比例放置在一起，那么如画（picturesque）自行会照顾好一切"[7]。也就是说，在有机性设计思想指导下，多样性的元素会自然而然导向一种如画的和谐。这种信心来自于自然之物是天然和谐的整体论思想，这同样与机械论之下所有事物只存在数学与物理关系的理念相去甚远。前者需要尊重任何一个事物的内在生命，而后者则认为所有的差异都可以被化简为数学与物理量的差异。这实际上是一种形而上学的对峙[7]。

赖特所使用的"如画"式构图效果也可以用来描述李冀的度假屋单体，乃至于整个建筑群。虽然李冀在具体分支的处理上已经极大地向经典现代主义靠拢，但是在构图模式以及最终效果上仍然保留了有机性所倡导的多元与变化。无论是在剖面上还是在指向上，每个分支都很少受到其他分支的影响，它们按照自己的需要定义高度与朝向，但最终"如画会（picturesque）自行照顾好一切"（图8）。在构图背后，是有机性思想对于事物独特性的尊重，这也意味着构图的加法式操作还可以超越平面布局扩展到另一个更广泛的层面，任何尊重元素独特性的叠加性操作都可以被视为构图。正是在这种更广泛的意义上，可以观察到原地建筑近来作品中一个显著的特征。

结语：编织者

这个特征就是李冀作品中日益强烈的建构呈现。在长白山度假屋中，这一特色还不是那么突出，建筑的主要结构组成都被红色火山岩的表面所覆盖，唯一例外就是在每个分支的端头，建筑师仿佛在建筑上横切了一刀，在裸露的断面上显露出从室内木板铺面、钢结构、波纹板以及火山石外壳的清晰层级（图9）。虽然真实结构中的混凝土层以及保温层仍然被火山岩所覆盖，但建筑师试图将主要结构要素以类似构造剖面的方式展现出来的意图已经一目了然。正是在这个断面上，长白山度假屋与李冀近期的其他作品之间建立起共鸣，联系它们的是一条贯穿始终的线索：通过多种材料与结构的运用以及真实地呈现塑造强烈的建构表现力。

在原地事务所的办公室中，建成作品的模型并不多，多的是大量结构与材料的研究模型。长白山度假屋的结构剖面模型也是其中之一，当钢铁、石头、木材、混凝土、保温材料与金属网共同交织在一起，模型的感染力甚至在某种程度上超越了建成作品（图10）。从建构表现上看，长白山度假屋甚至可以说是原地近期作品中的特例，外部的石材与内部的木板都不是主要受力构件，但是却掩盖了几乎整个建筑内外。在原地的其他近期作品中，结构几乎都是完全暴露的，一个典型案例是原地事务所的办公室。地处于互联网＋创业浪潮中心腹地的中关村创业大街一旁，李冀在众多新兴科技企业的包围中竖起了一面脚手架与混凝土空心砌块搭建而成的外墙，即使没有门牌，熟悉建筑文化的人也会很清楚这里是一个建筑师事务所。

同样裸露和强烈的，是北京胶印厂改造项目中的钢结构。工字钢立柱与横梁清晰阐释出每一个结构的细节，77剧院悬挂在头顶上的锈蚀而沉重的铁门，被一套坚硬但精细的支撑与拉拽体系所固定，红色条带将受力传导明确传达给为大门的重量所担心的人，红色线条与错动的大门板块一起让建筑本身成为结构与材料的戏剧表演（图11）。在另一个即将完成的项目，弄岗森林秘境中，李冀采用了更为特殊的建构模式，弯曲的钢管搭建起受力结构的主体，在此之上是由木棍绑扎而成的表层。大量木棍的堆叠，让建筑单体成为一个一个的鸟巢，仿佛是远古时代人们最初开始建

图 9 断面上暴露出来的结构，夏至摄，原地建筑提供

168

图 10　构造模型，原地建筑提供

图 11　北京胶印厂改造项目，夏至摄，原地建筑提供

图12　弄岗森林秘境，梅可嘉摄，原地建筑提供

造时模仿自然的成果（图12）。木材的复杂肌理与密集排布可以被视为长白山度假屋石质外壳的先声，弄岗的木质鸟巢显然有着更为清晰和坦诚的结构关系。这两个项目采用完全不同的主体材料与形态，但在结构的特殊性以及对建构表现力的强调上一脉相承。因此，李冀在自宅"自然之家"中将这两个体系同时纳入一套商品房住宅中。不加修饰的工字钢形成夹层的结构主体，地板与栏板由木板与木棍铺砌而成，而建筑师的卧室，则是如弄岗一般由细木棍插接而成的卵形鸟巢（图13）。很少有人会对结构与材料的真实呈现执着到这种程度，李冀直接废除了几乎所有的家具，以至于我们很难想象在这样赤裸的环境中如何展开日常生活的油盐酱醋茶。

但也正是这种有些极端的态度，才给予李冀近期作品此前并不具备的力量。我多少可以理解他将事务所命名为"原地"（origin）的原因。在从业多年之后，他开始独立开业，探寻自己所信任而非机构所需要的建筑道路，技巧与语汇都不再那么重要，他感兴趣的是找到一个可以支撑起整个设计体系的基础。对于学科来说，任何对于本源的定义可能都是危险的，但是对于个体来说，自己所认同的本源却是必不可少的。只有在最近的作品中，他的探索历程才开始浮现某种清晰的立场。对结构与材料的强调在建筑学体系中已是老生常谈，就像人们谈论有机建筑理论一样。但对于建筑师来说，奇迹发生的地方在于作品实现而不是理念创新，即使是像"秩序"（order）这样古老的理念，都仍然可以在康的手中转化为令人窒息的建筑场景[8]。同样，李冀的作品的重要特色之一，就在于他对不同材料、结构模式以及真实呈现上比很多人更为执着，更为坚定，也只有那些仍然认同某种"本源"仍然存在的人才会有这样的"偏执"。

在对原地建筑的使命描述中，李冀将原地的终极目标定义为对融合与共生的追索，以此来"消解现有建造方式带来的隔绝、漠视与对抗"以及人与环境、全球化与地域文化、个体与整体、都市

图13 自然之家，原地建筑提供

与自然、未来与历史之间的割裂。单独看来，这当然是一个过于宏大的目标，人们有充分的理由去质疑其现实可能性。但将它作为建筑师个人的价值认同，与建筑师的作品关联起来看，则可以成为一条重要的线索。融合与共生正是将长白山度假屋中对石头、树木、溪流、平面构图，对剖面结构的显露处理以及原地近期其他作品建构特点统合起来的关键词。所有这些做法的根本前提，是对既存之物自身特性的尊重，不因为最终整体的形成而压制组成元素的个体性，这体现在长白山项目对石头与树木的退让，也体现在构图原则赋予房间分支的自由，还体现在胶印厂改造与弄岗森林公园里结构体系中每一种材料、每一个建构节点的清晰呈现。从连接的铆钉到交织的木棍，再到整个分支体量，李冀将很多差异性的元素叠加在一起，而叠加与消融的不同之处，就在于叠加成分本身并不会失去个体性。如果说混凝土体现了以个人意志为外在事物灌注形式的现代性倾向的话，叠加的方式则体现了更为古老的，利用天然材料，依靠天然材料，并发掘和呈现天然材料的建筑态度。在前者，建筑师往往成为唯一的形式给予者，而在后者，建筑师更接近于赖特所说的"编织者"，他要将很多元素编织在一起，但是这个过程中必须要尊重材料本身的特性，最终成果也在很大程度上被原材料的本原特征所定义。

从长白山项目以及原地近期的其他项目看来，李冀正将自己塑造成为一个"编织者"。直观地说，他的弄岗森林公园与自宅卧室都采用了直接的编织手段，但是在更广泛的层面，编织则意味着对原始元素的辨识与维护，并且在从规划到细部的各个细节中悉心照料。这虽然可以总结成一套设计原则，但我相信，真正支持它们的是古老的有序宇宙（cosmos）理念中任何事物都有其特殊的位置以及特殊的意义的观念 [9]。有很多人都认为，现代社会的很多问题，从生态危机到人的异化，都来自于对这一古老理念的背离。而解决方案当然不是回到原始泛神论，而是在运用技术、实现人的目的时应当更为谦逊，更多地考虑人作为守护者而不是剥削者的道德责任 [10]。这也意味着建

171

筑师应该具有古代匠人般的温和与耐心。森佩尔从建构的角度将编织定义为建筑的源起之一，从我们的讨论看来，建筑师也可以在另外一种意义上成为"编织者"，一个懂得尊重他手中的任何一片枝叶的创造者。

注释:

[1] 参见 Forty A. Words and Buildings: A Vocabulary of Modern Architecture[M]. New York: Thames & Hudson, 2000: 155-157.

[2] Hans Jonas 分析到，现代科学历史上发展的前提之一，就是对亚里士多德目的论的拒绝，见 Jonas H. The Phenomenon of Life: toward a Philosophical Biology[M]. Evanston: Northwestern University Press, 2001: 33-37.

[3] 赖特对国际式风格以及欧洲现代主义潮流一直持激烈的批判态度，参见 McCarter R. Frank Lloyd Wright[M]. London: Reaktion Books, 2006: 121-123.

[4] 参见 Collins P. Changing Ideals in Modern Architecture, 1750-1950[M]. London: McGill Queens University Press, 1998: 179.

[5] 参见 Banham R. Theory and Design in the First Machine Age[M]. London: Architectural Press, 1960: 20.

[6] 参见 Colquhoun A. Modernity and the Classical Tradition: Architectural Essays, 1980-1987[M]. London: MIT Press, 1989: 173.

[7] 参见 Blumenberg H, Savage R. Paradigms for a Metaphorology[M]. New York: Cornell University Library, 2010: 62-76.

[8] 康在大量的文献中不断提及 Order 一词，参见 Kahn L I, Latour A. Louis I. Kahn: Writings, Lectures, Interviews[M]. New York: Rizzoli International Publications, 1991.

[9] 关于古代 Cosmos 理念的讨论，参见 Jonas H. The Gnostic religion: the Message of the alien God and the Beginnings of Christianity[M]. Routledge, 1992: 241-247.

[10] Hans Jonas 阐述了人作为自然守护者的形而上学基础，参见 Jonas H. The Imperative of Responsibility: in Search of an ethics for the Technological age[M]. Chicago: University of Chicago Press, 1984.

参考文献:

1 Rispa R. Barragán: The Complete Works[M]. London: Princeton Architectural Press, 1996: 34.

2 Ibid.

3 Ibid.

4 Wright F L. Frank Lloyd Wright Collected Writings[M]. New York: Rizzoli in association with Frank Lloyd Wright Foundation, 1992: 206.

5 Ibid.

6 Ibid.

7 Wright F L. Frank Lloyd Wright Collected Writings[M]. Rizzoli in association with Frank Lloyd Wright Foundation, 1992: 95.

知觉的重塑

——META-工作室森之舞台设计评述

图 1 建筑场址，苏圣亮摄，META-工作室提供

阿尔伯蒂的《论绘画》一书，是从视觉图像的自然哲学原理开始讨论的。在那里，他提出了著名的"视觉金字塔"（visual pyramid）模型：从眼睛发射出来的射线，碰触到被观看事物形成了以眼睛为顶点，物体表面为底面的"视觉金字塔"，当用一块画布去垂直切割，那么就会得到逼真的绘画图像。在传统观念看来，阿尔伯蒂所描述的透视原理似乎只具有知识考古的价值。然而，在一个近期完成的小建筑中，我们饶有兴趣地看到阿尔伯蒂的这段描述几乎被原封不动地转化为建筑实体。当然，这并不是说建筑师王硕进行了按图索骥的操作，两者真正的联系是对视知觉的解析与反思。正是在这一点上，META- 工作室的森之舞台展现出了值得深入讨论的内涵。

从视觉金字塔到塑形声学

森之舞台坐落于吉林市松花湖风景区内大青山顶的山坡上。建筑毗邻一条宽敞的野雪道，面向山下远处的松花湖（图 1）。项目的功能很简单，主要是游人观景与休息，兼顾一点零售与多功能使用。单纯的自然环境与简单的功能给予建筑师较为宽裕的自由度，但也让设计的起点变得更为困难。"限制是艺术家最好的朋友"[1]，如果缺乏外界的限制，那么建筑师只能自我设限。森之舞台的设计起点正是对视觉的自我设限。首先建筑师王硕放弃了在山顶上能获得全景的选址，让建筑位于山坡一侧，只面向松花湖；其次他进一步限定了面向松花湖的视线，将山下的城市排除在外，只保留山、湖、树、天构成自然景观；最后他用长方形景框限定出一幅经典的景观图景，这也成为二层平台的长方形开口（图 2）。

这一设计进程，让森之舞台与阿尔伯蒂的金字塔产生了共鸣。虽然最终的目的是获得图像，但阿尔伯蒂的讨论却是从观察者与观看对象的关系出发的，对于建筑师来说，这种关系引入了新的限

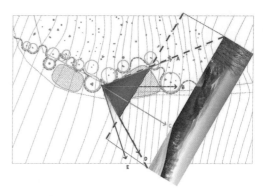

图2　建筑与松花湖的关系，META-工作室提供　　　　　图3　视觉金字塔的转化，META-工作室提供

定条件，让建筑锚固下来。"视觉金字塔"的数学与物理原理并不复杂，王硕的出人意料之处在于他将阿尔伯蒂的虚拟金字塔变成了建筑实体的金字塔。森之舞台二层观景平台的平面就来自于切割后的三角锥，平台的两道边墙等同于金字塔边缘的射线，切割的画布则成为建筑完成后面向松花湖的长方形孔洞（图3）。

王硕的建筑转译，让视觉图像在森之舞台项目中的主导性地位显露无遗。无论是在二层平台还是下部的混凝土基座中，观景都是建筑师专门刻画的行为场景，它们对观赏范畴、要素以及方式都进行了精确的定义。然而，这种状态也会给人带来一丝疑虑，这个小建筑是否过于强调视觉图像？尤其是在这个海量图像快速消费的时代，建筑是否过于迎合人们"猎奇"的欲望？"眼睛的独断以及对其他感官的压制将会把我们推向分离、孤立以及外化"[2]。帕拉斯玛（Juhani Pallasmaa）的言辞或许过于极端，但他的提醒在总体上来说是合理的。森之舞台显然需要其他的内涵，才能避免成为帕拉斯玛与斯蒂芬·霍尔涵盖了从现代主义到数字化建筑的批判名单上的一员[1]。这一问题将我们引向森之舞台与阿尔伯蒂模型中一个细微但重要的差别，我们将讨论这个差别如何与森之舞台对多元感官的重视相联系，从而回应对视觉图像独断性的疑虑。

在阿尔伯蒂的视觉金字塔中，人眼是金字塔的顶点，也是所有射线放射的中心。但是在森之舞台，射线的交点并不存在。两条"外周"射线形成的边墙被一道弧线所连接。虽然相对于整个金字塔锥，这只是一个细微的改动，但是它对阿尔伯蒂模型的影响却是颠覆性的。最重要的那个基点不复存在，人无法占据那个放射性的主导位置。从平面上来看，森之舞台的两道边墙不再是一个锐角向外发散的两边，而是一道连续的凹墙，墙体的弯曲仿佛是某种退让，对外部的景观力量做出谦逊的回应（图4）。

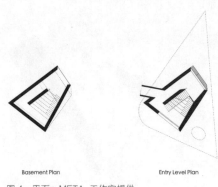

Basement Plan   Entry Level Plan   Platform Level Plan

0   5   10

图4　平面，META-工作室提供

熟悉现代建筑史的读者会意识到，我们是在用勒·柯布西耶的"塑形声学"（plastic acoustic）的理念来解读森之舞台的弧线墙体。"塑形声学"是勒·柯布西耶二战后建筑创作中的主导性理念，强调的是建筑与周围环境的密切互动，就像建筑发出的声音会扩散到四周，而四周的声音也可以被建筑所听到。这一理念最经典的案例是朗香教堂，一方面山顶的教堂像帕提侬神庙一样影响着周边的一切，另一方面教堂的两道内凹的弧墙则是对道路以及山谷城镇的回应，它们的退让形成一种姿态，让外界的声音渗入进来。同样的模式也可以用来分析森之舞台，二层的弧墙也可以被视为接受松花湖景观声音的反射墙体，让身处二层平台的人们笼罩在远方景观的汇聚之中。

美国学者佩尔森（Christopher Pearson）专门讨论过勒·柯布西耶对"声学"主题的使用 [2]。他的一个非常重要的观察是，勒·柯布西耶从纯粹主义阶段开始就已经在强调建筑或者雕塑对外界的影响，但那一时期他所使用的概念主要是"放射"（radiating），比如"光辉城市"（radiating city）的名称就来自于此。只是在战后，"放射"才更多地被"声学"取代。在用词变化的背后，真正重要的是观念的变化。"放射"强调的仍然是从中心向外辐射的单向关系，而"声学"强调的更多是一种被动地聆听与接受。对应在勒·柯布西耶身上，他"声学"时代的作品，比如朗香教堂与昌迪加尔政府建筑群会更多地呼应地点与文化的影响，同时，建筑给人的感受也更为含混与多元。从某种角度来说，"放射"被"声学"所取代，标志着勒·柯布西耶的建筑作品从视觉主导向多元感受的转变。

之所以要对勒·柯布西耶的案例进行说明，是因为他早期的"放射"理念与阿尔伯蒂的视觉射线极为类似，但后期的"塑形声学"则是对之前理念的修正与补充。前者强调视觉的主导，后者更为重视不同感官的混合作用。如果要在阿尔伯蒂的"视觉模型"与勒·柯布西耶的"声学模型"

178

之间选择一个来引导对森之舞台的解读的话，后者显然更为贴切。森之舞台的吸引力，并不仅仅在于上下两层所框定的景观图景，站在山顶或者野雪道上也可以看到同样的景观内容，为何在建筑中感受会变得更为强烈？关键的地方并不是观看的内容，而是在于观看的方式与情境。就像"塑形声学"理念中对不同感官的强调一样，森之舞台这个小建筑的特殊性之一就在于对多重感官体验的召唤。如果不能满足于勒·柯布西耶"无法言说的空间"（ineffable space）这样含混的描述，我们就需要进一步地分析除了框景之外，这个作品带给了我们什么样的丰富感受。

多重感官

虽然有战后的"塑形声学"转向，纯粹主义时代的勒·柯布西耶仍然是现代主义理论视觉主导性的典型代表。《走向一种建筑》不仅将关键的一章直接命名为"视而不见的眼睛"，更是在全书中不断提及"眼"与"视觉"。勒·柯布西耶在这一时期的一个中心理念是，塑形形式的重心是几何性，因为它们可以被眼睛觉察和度量。对整个现代主义运动产生深度影响的是，他将建筑形式的关注点放置在对几何性的视觉感知上，"所有这些——轴线、圆、直角——都是几何真理，它们所产生的结果可以被眼睛所度量和认知；如果不是这样，就只会有偶然性、不规则以及随意性。几何是人类的语言"[3]。我们已经知道这种对视觉与几何的专注如何体现在纯粹主义时代的白色体量之中，它们随即成为"国际式风格"的基础，被塑造成为现代主义的代表性语汇。正如亨利·希区柯克所说，当这一观点成为主流，其他那些关注点不同的现代建筑也就不可避免地被排挤成支线，比如赖特、胡戈·哈林、阿尔瓦·阿尔托[3]。

因此，战后对现代主义的批判也同样聚焦于对视觉与几何性这一主流的批判。帕拉斯玛的《肌肤

图 5　从雪道上看建筑，苏圣亮摄，META-工作室提供

之眼》当然是最近的一个范例，但是在更早之前，肯尼斯·弗兰姆普顿在他的名篇《走向批判的地域主义：抵抗性建筑的六个要点》之中已经提出了一系列的对策来反抗视觉的独断："光线的强度、黑暗、热与冷；潮湿的感觉；材料的香味；当身体感到被囚禁时石墙几乎可以触知到的存在感；人走过地面时步伐的动力以及相对的惯性；我们脚步声所激发的回声"[4]。与视觉对抗，并不是闭上眼睛，而是要同样关注其他的知觉感受，触觉、声音、温度、湿度、甚至是嗅觉。对于敏感的建筑师来说，这些简短的文字对应着一整套的设计策略，近年来中国建筑界对材料、建构、光线氛围的关注可以视为一个从战后开始的反思进程的继续和延伸。

在森之舞台的设计中，建筑师王硕对这一策略的认同是显而易见的。从很多方面都可以看到他如何通过深入的细节刻画来赋予这个小建筑多层次的感官体验。首先是总体形态。因为上下层在体量与形状上的巨大差异，一种不确定性的张力取代了稳定的几何关系。从不同方向接近森之舞台的人会有着差异悬殊的外部观感。从雪道滑下，首先看到的是混凝土基座以及上面的烧杉板弧线墙体，混凝土的坚硬为柔和的木质体量提供支撑。弧墙拐点顶部的玻璃墙透露出建筑内部的暖黄色木墙，与烧杉板的暗涩形成强烈反差。在这个角落，森之舞台中最主要的四种材料都被汇聚在一起，它们实际上强化了我们对建筑的日常认知体验，混凝土的粗粝、烧杉板的沧桑、玻璃的通透以及木材的温暖（图 5）。仍然是通过眼睛观看，但我们被引向的是对温度、可靠性、粗糙与平滑的感知，而不是几何形状的比例与关系。

从林中栈道走向森之舞台感受又有所不同。在远处看到的是二层平台的完整侧面，一个近乎黑色的长方形体量放置在不规则的混凝土体块上，大尺度的悬挑显然超越了常规建筑的尺度规范（图 6）。继续走近，悬挑的危险性逐渐减弱，一个突出的混凝土洞口转而成为视线的焦点。在白

图6 从栈道走向建筑，苏圣亮摄，META-工作室提供

天，洞口的深度与昏暗似乎令人有些迟疑，但是在夜晚，黄色灯光让门洞变成了壁炉，"看到火焰在房屋坚硬的石墙深处燃烧让我感到安慰"[5]。赖特所描述的也是这个门洞对游人的吸引力（图7）。

这里的设计很容易让人联想起卒姆托的圣本笃村小教堂。实际上，这的确是森之舞台的设计参照之一。卒姆托曾经谈到门把手对于门后另外一个世界的启示[4]，门的狭小与深陷更能衬托出建筑内外两个世界的差异[7]。王硕显然吸收了圣本笃村小教堂以一个偶然性的外凸的窄小门洞强调进入建筑的戏剧性的做法。但是门后的世界，森之舞台与圣本笃村小教堂却有着完全不同的处理。虽然面向宽阔的景观视野，圣本笃村小教堂却没有设置任何观景的窗口，唯一的天窗只能让人看到天空。卒姆托实际上是延续了一个历史悠久的教堂设计传统，阿尔伯蒂在《论建筑》中很清楚地写明，教堂只应有天窗，避免人们被周围的事物分心[5]。与之相反，森之舞台的上下两层都有主导性的外向性视野，建筑师的处理重点转移到如何将视野与不同的感官体验相结合。

为了更富足的建筑体验，王硕采用的总体策略是强化上下两部分的反差。如果说二层平台与远方的景致有关，那下部的混凝土基座则属于山坡。不规则的体量，封闭的表面，粗糙的肌理，灰暗的颜色都指向岩石的喻义。穿过门洞进入混凝土基座，仿佛进入从一块完整石头中凿出的洞穴（图8）。现浇混凝土的独特之处在于它将结构的受力体系都掩盖在实体之中。在现代主义时代这是创造纯粹的"塑形"形式的理想原料，但是在另一方面，这种掩盖也意味着一种无法穿透的神秘性，一种难以触及的深度。这或许可以解释混凝土洞穴的原始感。狭促的空间让弗兰姆普顿所描述的"当身体感到被囚禁时石墙几乎可以触知到的存在感"笼罩着刚刚钻进"洞"里的人。建筑外的明亮与开敞迅速转换为一个厚重、坚硬、难以琢磨的昏暗场景。光线在混凝土墙面与黑色木顶面上投射出强烈的明暗变化，进一步模糊了人们对空间边界的认知。在这样的场景中，日常

图 7　入口，苏圣亮摄，META-工作室提供

图8　混凝土基座内部，苏圣亮摄，META-工作室提供

的空间认知与方向感都不再有效，光线成为最明显的线索。人很难停留在入口的暗淡角落里，无论是两条通路还是对面晃眼的光亮，都诱使人继续前行。一道有切角的厚墙成为分水岭，一部分人往下沉，经过一段类似于古代露天剧场的混凝土座椅台阶，最终到达底层的休息平台与角落中的小卖部。另一部分人会选择左侧的水平通道。倾斜的墙体不断压缩通道的宽度，诱使人去伸手触摸不断贴近的木纹混凝土墙面。在脚下，建筑师特意使用了木板与火山岩两种材质，让人感受到路程中弹性与声响的变化。"当身体穿过大地起伏的表面，我们感到愉悦，在每一步中，我们遭遇到的无尽三个维度的相互交融，让我们精神感到欣喜"[6]。只是很少有建筑师去关注从脚底传递过来的微妙体验，皮吉奥尼斯（Dimitris Pikionis）的话是对这种感受的精准描述。来到通道尽头的人，不仅可以看到穿越雪道抵达松山湖大拐弯的景观轴线，还会在背后看到一道混凝土楼梯。脚下的变化再一次出现，王硕为混凝土梯步铺上了木板。这显然是一种邀请。甚至是一侧墙上简单但稳固的暗色金属扶手，也在鼓励人们拾阶而上（图9）。它让人想起卒姆托为圣本笃村小教堂的木门选用的金属门把手[6]，质朴与沧桑所透露的是持久的信赖。

从材料、形态、光线以及氛围来看，王硕在森之舞台的下层试图营造的是类似于朗香教堂内部的那种含混与神秘。视觉传递给人们的不再是清晰的边界、规整的形态、一致的比例关系以及静观的距离，而是一种弥散的氛围，隐秘的包裹以及黑暗中亮光的诱惑。这是切身的体验，是通过眼睛与其他知觉器官，比如皮肤、耳朵甚至是鼻子的共同作用来完成的。在这样的场景中，人也很难成为一个旁观者，她被驱使着采取行动，动力来源则是来自于记忆的行为本能。这也就是森之舞台拒绝"视觉独断性"的方式。

图9　通向上层的台阶，苏圣亮摄，META-工作室提供

视觉重塑

如果说森之舞台的下层是通过多种感官的共同作用来塑造强烈的身体体验，从而拒绝"视觉独断性"的统治，那么森之舞台的二层平台则走向了另外一条道路：视觉图像被进一步强化到一种极端的程度，从而转向对日常知觉理念的悬置与反思。

在整个项目中，建筑师没有采用任何手段掩饰上、下两层的差异。在外部，这表现为上、下两部分在形体、材料、色彩上的强烈反差；在内部，这种差异通过走上二层的脚步来感受。从底层洞穴般的混凝土实体中顺着光亮往上走，在踏步尽头沿着暖色木质弧墙的引导转身看去，却是一个开敞明亮的外向性空间，所有的关注都会立刻被远方的景致所吸引。这种进入的戏剧性是西方历史建筑传统中的一个经典主题，即使在现代建筑史中也在阿斯普伦德与阿尔瓦·阿尔托的图书馆设计中有着完美呈现。很明显，王硕精心谋划了一条"漫步"路径，从木质栈道开始，穿过门洞、混凝土岩穴、变窄的通道、铺着木板的台阶，最终抵达"主楼层"（*piano nobile*）。使用"漫步"一词并不准确，它还来自于钟情于"放射"与"视觉"的早期勒·柯布西耶。漫步意味着一种轻松与脱离的观看，森之舞台所埋设的这条线路则预设了好奇、迷惑、不安、渴望、释然等不同的情绪。无论如何，你都无法成为一个平静的旁观者。从某种程度上说，建筑师就是一位炼金术士，要从平凡的物质中萃取出不平凡的体验。

伸入二层平台的混凝土墙体延缓了人们观赏景致的节奏。一高一矮两道混凝土墙以及矮墙难以描述的扭曲形态打破了二层空间的纯粹性。因为墙的阻隔，你还不能立刻看到全部的景框，甚至是弧墙上特意留出的光缝也会分散一部分的注意力（图10）。只有转过身来走到前部，才能看到

图 10 二层平台的混凝土墙，苏圣亮摄，META-工作室提供

图 11 框景 1,苏圣亮摄,META-工作室提供

图 12 框景 2,曹世彪摄,META-工作室提供

一览无余的松花湖景观。透过长方形景框看向外部景观，是一般观景建筑的常用手段。王硕此前的葫芦岛海滨展示中心就已经采用了类似的策略。即使如此，站在森之舞台的二层平台上远眺白雪覆盖的松花湖，仍然让人着迷。虽然手段并不特别，但森之舞台的景框的确切割出了一幅给人以强烈触动的图像。这当然要归因于观看的内容。阿尔伯蒂在《论绘画》中还谈论了什么样的画面内容是最好的，他认为是有着丰富人物、动作与情节的"叙事场景绘画"（istoria）。在森之舞台，松花湖、起伏的山峦、植被、天空以及云雾组成了画面的内容，大青山提供了宏大的视野，而时间则蕴含在云雾的变化以及自然演化的漫长岁月中。这些元素一同构成了一幅自然的"历史场景绘画"（图11）。我们只需要将森之舞台的湖山景致与葫芦岛海滨展示中心的海景作简单的比对，就能理解阿尔伯蒂论断的合理性。

建筑的作用同样至关重要。抬升视点的高度显然不是森之舞台最主要的作用，塑造一种观看方式才是。与一般观景建筑不同的是，王硕压低了屋顶的高度，使得景观的边界感更为强烈。横穿画面的木质扶手进一步凸显了景框的几何性，再配合上松山湖与森之舞台的深远距离，很多凭栏远眺的人都会认同，这座小建筑的确创造了一个"奇观"。实际上，几何景框与自然景致的结合，是现代主义中一个反复出现的经典主题。范斯沃斯住宅毫无疑问是这一主题的典范，"如果你透过范斯沃斯住宅的玻璃窗看自然，她会比从外面观看获得更深刻意义"[7]。密斯的这段话几乎可以用于他战后的绝大部分作品的解读。巴拉甘也是驾驭这一主题的大师，"环视的全景不应过度使用：如果我们将近处的景观框定起来，并且与后方的良好景致对比起来，就会获得双倍增强的效果"[8]。这位墨西哥建筑师作品中那些绝妙的场景很多都来自于这一原则。我们知道，只是在经历了他的现代主义阶段之后，巴拉甘才将这一原则推至无与伦比的高度。

然而，无论是密斯还是巴拉甘的话，对于我们理解这一现象的知觉内涵，也就是说为何它会给人这么强烈的感受并没有太大帮助。反而是画家德·基里科的话更有启发性："被限定在门廊圆拱与窗户的或长方形洞口中的景致获得了更大的形而上学价值，因为它得到了强化，并且从周围的空间中分离出来。建筑让自然更为完整。这构成了人类理智在形而上学的发现领域中进步"[9]。德·基里科自己的形而上学绘画就大量采用了这一绘画要素[7]。在这段话中，德·基里科将景框的作用总结为"强化"与"分离"。"强化"很好理解，限定让注意力更为集中，框架也有利于塑造一种观看的仪式感。更为微妙的是"分离"（isolated）：什么样的分离？分离又会带来什么样的形而上学发现？我们有必要对这个问题作简要探讨，这对于理解森之舞台的力量，乃至于这一现代主义主题的力量都会有所帮助。

这里的"分离"显然不是指物理的分离，远方的事物与观察者之间本来就是分开的。在框景中，被分离出来的实际上是视觉图像的一部分，而且是中心聚焦的一部分。我们往往关注景框中保留下来的部分，却忽视了那些被掩盖的东西——那就是没有景框时眼睛的余光所看到的部分。景框用墙体或结构替代了原来余光的内容，让框中的景致与观察者断裂开来。这是因为余光虽然模糊，但是在通常状况下却涵盖了从视野中心到眼睛周边的全部领域。这实际上是视觉相比于其他知觉最大的优势，它可以同时呈现空间中大量不同的事物[8]。换句话说，在余光之中，我们看到中心视野里的事物是如何与其他事物相接触、联系，后者又如何延展并且最终与我们的身体相连接的。余光帮助我们建立了一个联系体系，将中心视野与我们所熟知的身边的环境关联起来。正是在这个意义上，帕拉斯玛才会说："聚焦的视觉让我们面对世界，而余光将我们包围在活的世界中"[10]。在余光的帮助下，我们将面对的事物与自身联系起来，周边的世界不再是一个一个独立的事物集合，而是一个整体关联的体系。被看的事物虽然远在天边，但是余光总能跨越距离建立起观察者

189

与它的联系，它不再是陌生的个体，而是成为我们所熟悉的生活世界的一部分。在帕拉斯玛看来，因为有这种特殊的作用，余光比聚焦性视野有着更重要的"存在性"（existential）意义 [9]。

当窗户、门廊或者景框掩盖了原来的余光，所产生的效果也同样是"存在性"的。我们失去了与远方框景的视觉联系，中心视野中所看到的东西不再能与我们身边的环境直接产生关联，它们仿佛脱离开我们所熟悉的世界，变得陌生和遥远。对于日常体验来说，这是一种特例，是对日常体验的打断。但这种损失也有它内在的价值。当一个事物脱离开日常的理解框架，也就意味着为其他的阐释与解读打开了大门。这也即是海德格尔说的，只有当一把锤子出了问题，无法继续使用时，我们才可能不把它视为日常工具，而是作为一个"物"（thing）来重新看待 [10]，进而才可能觉察到它在用途之外那些被日常使用所忽视或者掩盖的品质 [11]。框景中的景物，就类似于上述例子中的锤子，当它们被"分离"开来，脱离了日常的联系，也就制造了一个机会让我们以不同的眼光去看待它们。或许它们不仅仅可以被理解为山、水、树、云，或许在这些事物背后还有其他某些不同于我们日常概念的东西（图 12）。如果采用了不同的角度，我们甚至有机会理解其他隐含在"物"之中还未被发现的可能性。这或许就是德·基里科所说的"形而上学的发现"，他不止一次提到只有在打破了日常逻辑之时，事物"形而上学的一面"才会呈现出来 [12]。

所以，在建筑的框景中比没有框景多出来的就是这种"分离"的效果。我们每个人都能感受到它的力量，只是并不一定清楚这种力量的本质是什么。如果上面的解释是合理的，那么这种力量就来自于"分离"制造的陌生感。它让被观看的事物脱离日常世界，成为一个陌生的"物"。陌生在这里意味着谨慎与敬畏，而几何性将在这里发挥重要的作用。根据沃林格（Wilhelm Worringer）的经典理论，只有当周边的世界显得陌生、混乱和难以理解时，人们才会倾向于抽象的几何形式。

因为几何形是稳定、有序和可以理解的，它成为人类为自己制造的庇护之地 [13]。这也就是说，几何性形式恰恰是对陌生感的回应。英国学者帕多万（Richard Padovan）敏锐地指出，那种常见地将几何与自然对立起来的观点是片面的，在沃林格的理论体系下"抽象是一种对自然敬畏地尊重，将其视为一种未知的和无法屈服的力量" [11]。几何性既是一种庇护，也是一种对自然的尊重与退让。密斯所说的范斯沃斯的几何框架让自然"获得更深刻的意义"或许就源于这种谦逊。

沃林格的理论对德国表现主义以及现代抽象艺术的影响早已为人熟知，现代建筑的几何性特征也与之有不可剥离的关系。从萨伏伊别墅到范斯沃斯住宅再到巴拉甘自宅，以及我们当下讨论的森之舞台，几何框景让许许多多的现代建筑拥有了一层特殊的深度。之所以要在这里用相当的篇幅讨论这个理论问题，是因为森之舞台以他更明晰的景观框架，更深远的观察者与景物的距离，以及更强烈的"分离"效果为这种讨论提供了一个绝佳的案例。这个小建筑刻意制造了很多戏剧性，但整个剧目的高潮显然就是人们被远景所触动的那一刻。这种触动与其说是来自于景物，不如说是来自于我们对自己所看到的景象所做的新的诠释，来自于对日常视知觉模式的质疑与反思。眼睛不断在传递给我们新的图像，但是这些图像到底意味着什么则依赖于我们解释世界的框架，这当然也是知觉的一部分。无论是在森之舞台还是在德·基里科的画前，我们都被赋予一个契机，让这个日常的框架松动了一点，就像是后者的《神谕之谜》中所描绘的，帘幕被掀开了一角，远方的另一个世界显露了出来。

结语

对建筑的体验与解读，很大程度上依赖于观察者自身的趣味与立场。对于笔者来说，森之舞台最富有吸引力的地方就在于它所引发的对知觉的重塑。我们已经讨论过它的上、下两层如何以不同的方式重新引导我们对建筑、景观以及我们自身感受的知觉。在混凝土基座中是通过对视觉以外其他感知方式的强化来实现更充沛的身体体验，而在二层平台则是通过直接挑战通常的视知觉模式来达成对人的触动。将这种触动称为"形而上学"的触动并不是虚张声势，就像德国哲学家汉斯·约纳斯（Hans Jonas）所指出的，通常认为视觉能够让人在完全无需与被看物有任何互动的情况下就清楚地获取大量信息，是西方哲学体系中，视觉成为"理论"概念的知觉来源[14]。它催生了主体与客体、理论与实践、形式与本质等一系列的二元对立，也由此带来了许多认知与伦理的问题。这种观念中缺失的，是意识到视觉也有其限度与条件，也与人与环境的互动密切相关。框景效果所带来的，就是对日常视觉机制的打断，如果愿意深究，就有可能理解约纳斯、帕拉斯玛等人对视觉独断性的哲学批判。有所关联的当然不仅仅是视觉的问题，而是整个理解世界，理解人与世界关系的宏大问题。虽然并不是每个人都有这样的哲学意趣，但我相信，只要他还会被这样的知觉效果所触动，也就意味着他已经得到了改变，即使这种改变是潜在和含混的。勒·柯布西耶用"无法言说"（ineffable）来描述这种感受，但炼金术士们有自己的方法用有形的材料与结构去塑造那种奇异的感受。

本文从阿尔伯蒂开始，最终也要回到阿尔伯蒂。将视觉金字塔的细节抛在一边，从更宽泛的角度来讲，阿尔伯蒂所谈论的一直是图像。在《论绘画》中他从来没有将图像与事物本身的样子混淆起来，他所关注的是事物呈现给我们的假象。因此，卡斯腾·哈里斯（Karsten Harries）认为，阿尔伯蒂的"透视理论告诉了我们表象的逻辑，也就是现象的逻辑"12。从这一角度看，阿尔伯蒂的讨论也属于现象学的范畴。如此看来，森之舞台与阿尔伯蒂的差异似乎又不是那么大了，因为建筑师所关注和塑造的也仍然是知觉，是现象。这一倾向在王硕以及META-工作室的作品序列中也是新近才出现的。虽然对于这个年轻的事务所谈论趋势与身份似乎还为时过早，但他们此前作品中强烈的现代主义要素，无论是集体生活的组织、类型的总结还是经典的几何化语汇，与森之舞台之间都有显著的差异。或许这才是这些年轻建筑师身上最有趣的地方。他们眼中的射线可以射向松花湖的自然美景，也可以射向城中村的活力与死亡，切割这些不同的金字塔会产生难以预料的建筑后果。META-工作室的特点在于他们保持着这样的好奇心，并且仔细地在切面上描绘自己所观察和体验到的东西，无论它们是什么。

注释:

[1] Pallasmaa J. The Eyes of the Skin: Architecture and the Senses[M]. Chichester: Wiley, 2012: 14.

[2] Pearson C. Le Corbusier and the Acoustical Trope: An Investigation of Its Origins[J]. Journal of the Society of Architectural Historians, 1997 (2).

[3] Hitchcock H R, Johnson P. The International Style[M]. Norton, 1966: 23.

[4] Zumthor P. Thinking architecture[M]. Boston: Birkhäuser, 2006: 7.

[5] Alberti L B. On the Art of Building in Ten Books[M]. London: MIT Press, 1991: Book VII.

[6] 对这个门把手的讨论，参见青锋. 通向异乡之门 [J]. 世界建筑，2017 (12).

[7] 关于德·基里科建筑时期绘画的讨论，参见青锋. 乔治·德·基里科"建筑时期"绘画作品中的建筑与形而上学 [J]. 世界建筑，2017 (9).

[8] 关于视觉相比于其他知觉独特性的讨论，参见 Jonas H. The Phenomenon of Life: toward a Philosophical Biology[M]. Evanston: Northwestern University Press, 2001: 135-152.

[9] Pallasmaa J. The Eyes of the Skin: Architecture and the Senses[M]. Chichester: Wiley, 2012: 14.

[10] 这里使用的是海德格尔的"物"（thing）的概念，参见 Heidegger M: The Origin of the Work of Art, Krell D F, editor, Basic Wrtings, London: Routledge, 1993.

[11] Gorner P. Heidegger's Being and Time: an Introduction[M]. Cambridge: Cambridge University Press, 2007: 46.

[12] 参见青锋. 乔治·德·基里科"建筑时期"绘画作品中的建筑与形而上学 [J]. 世界建筑，2017 (9).

[13] 参见 Worringer W. Abstraction and Empathy: a Contribution to the Psychology of Style[M]. Chicago: Ivan R. Dee, 1997.

[14] 理论（theory）一词的希腊词源 theoria 本意即为观看、注视。

参考文献：

1　Wright F L. Frank Lloyd Wright Collected Writings[M]. New York: Rizzoli in Association with Frank Lloyd Wright Foundation, 1992: 32.

2　Pallasmaa J. The Eyes of the Skin: Architecture and the Senses[M]. Chichester: Wiley, 2012: 22.

3　Corbusier L, Etchells F. Towards a New Architecture [M]. Oxford: Architectural Press, 1987: 72.

4　Foster H. Postmodern Culture[M]. London: Pluto, 1985: 18.

5　Wright F L. Frank Lloyd Wright Collected Writings[M]. New York: Rizzoli in Association with Frank Lloyd Wright Foundation, 1992: 199.

6　Pikionis D. Dimitris Pikionis, Architect 1887-1968: a Sentimental Totpography[M]. London: Architectural Association, 1989.

7　Neumeyer F. The Artless Word: Mies van der Rohe on the Building Art[M]. Jarzombek M, 译 . London: MIT Press, 1991: 339.

8　Rispa R. Barragán: The Complete Works[M]. London: Princeton Architectural Press, 1996: 34.

9　Chirico G d. Architectural Sense In Classical Painting[J]. Metaphysical Art, 2016 (14/16).

10　Pallasmaa J. The Eyes of the Skin: Architecture and the Senses[M]. Chichester: Wiley, 2012: 14.

11　Padovan R. Proportion: Science, Philosophy, Architecture[M]. London: E & FN Spon, 1999: 25.

12　Harries K. Infinity and Perspective[M]. London: MIT Press, 2001: 69.

张轲的两个项目

图1　折返的形体，王子凌摄，标准营造提供

禁欲者的救赎

虽然有着藏式传统民居的厚重性，娘欧码头看起来却更为原始。几乎没有什么线索能够提示这个建筑的建造时代。它更像是某种原始宗教建筑的遗址，只是被今天的人们借用来作为旅游服务设施。这种联想显然受到了建筑形体的启发。在石板铺砌的屋顶上折返前行，会让人想起藏人虔诚的转山。没有佛像或者殿宇，行程本身成为信仰的明证（图1）。

为了营造这种氛围，建筑作出了不少常规意义上的牺牲。不仅可以使用的内部空间仅仅占据整个项目的一小部分，一些房间的光线与景观也让位于建筑整体的紧凑连贯。建筑师自己的克制也是显而易见的，除了石砌墙体、门窗洞口以及局部的木材堆叠的栏板之外，设计者放弃了其他能够呈现自己精湛技巧的机会（图2）。无论是在对待建筑师还是对待使用者上，标准营造的这个项目都展现出一种近乎于"禁欲"或者"苦行"的意味。

这种"禁欲"式的克制是标准营造近期作品的普遍特点。建筑师的语汇日益收敛，多余的东西都被屏蔽在外，设计最终归结于一两个要素。但也就是这一两个要素，所产生的触动却让人难以忘怀。不同于极少主义的做作，标准营造的这些作品追求的并不是空寂，而是在滤除了干扰的情况下，让某些要素更为凸显出来。这种要素，在近期作品中更多呈现为一种特殊的视景。就像标准营造所撰写的作品说明中所提到的，娘欧码头并不提供一个崇拜对象，它启示的是超越日常的审视。

这样的"禁欲"更接近于亚瑟·叔本华所阐述的"美学意识"（aesthetic consciousness），它需要我们摆脱"日常意识"（ordinary consciousness）对个体、对个人意志、对利益得失的过度关

图 2　窗户与围栏，王子凌摄，标准营造提供

图 3　屋顶，王子凌摄，标准营造提供

图 4　建筑内部的"细胞"，王子凌摄，标准营造提供

注，在非功利性的审视中超越个体性的悲剧。我们实际上可以把藏人的转山视为类似的解脱过程。娘欧码头的"宗教性"或者说是"哲学意味"并不仅仅限定在藏族传统中，在更广泛的意义上，它可以启示每一个人，无论他是否是佛教徒。

因为与日常生活的距离，阿道夫·卢斯认为只有缺乏功能的艺术品才能具有这种"禁欲"特征。在他看来只有这样的艺术品才能称为建筑，其他的都只是房屋。这种割裂显然过于绝对了，生活与启示并不一定要相互对立，在娘欧码头的石台之上，或许可以感受到他们之间内在的联系（图3）。

细胞与进化

建筑师用细胞的概念来描述这个设计的理念，这是一个很有趣的比喻，尤其是考虑到业主是一家制药公司，不可避免地要与各种细胞打交道的特殊背景。从平面上看，最接近于细胞形态的是一些有明确功能配置的块，它们仿佛游离在培养液当中，随时可能分化出新的细胞体。在实际使用中，我们可以设想使用者也是微小的细胞，他们同样也在办公空间中游走，并且不断与几个固定的巨型细胞产生交互，去完成各种机能（图4）。

当然，我们也可以将普通办公楼的核心筒看作是一些核心细胞的集成，那它们与张轲的细胞体有什么本质的区别？首先，形状的差异不言而喻，一个是整齐的长方形，另一个是不规则的多边形；其次，是组织方式，一个是密集地相互挤压，另一个是宽松的散布（图5）。很明显，张轲的细胞体更接近于我们在实验中所观察到的生物现象。在相似形态背后是逻辑上的近似。一个活的细胞

图5 室内楼梯与室内空间，陈颢摄，标准营造提供

需要充分的空间与养分才能维持活力，张轲的细胞体也正是有了更宽松的条件才能够让匀质而平淡的办公空间具有了活力。

这可以延伸到对建筑设计基本前提的反思。如果说传统的核心筒模式指代的是理性计算中对最高效率的追求，那么张轲的模式就更接近于生物进化的真实历程。没有人能够预先设计一条最优的发展路径，一切的变化都是不可预知的，再通过自然选择遴选出最具有竞争力的变异。而这一切的前提，是有足够的空间让生物体能够去孕育那些不可预知的可能性。但，恰恰是这种变异的可能性在传统的办公楼模式中被扼杀了。

从这个意义上来说，张轲的设计的确是"有机"的，它呈现了一种无法消灭的偶然性（图6）。除了诺华，我们也可以在标准营造事务所室内设计中看到这个非常独特的成分。事实上，在张轲身上也可以感受到这种无法预知，但随时可能衍生出异类分歧的力量，这或许是分析标准营造作品特色的视角之一。

图6　多变的庭院，苏圣亮摄，标准营造提供

普罗米修斯与采药人

——阿丽拉阳朔糖舍酒店设计评述

普罗米修斯

在讨论董功的作品序列时，很多人会倾向于将海边图书馆作为一个转折点。虽然说在直向此前的项目中也可以看到一些与图书馆有关的线索，比如对方整形体的喜爱，对光线控制的探索，以及对细节的深入要求，但这些模糊的线索并不足以在图书馆前后的作品间建立密切的联系。我们可以借由后期的作品到之前去寻找迹象，但是要论证这些迹象明显导致了海边图书馆的出现显然是不可能的。唯一明确的是转变的动因（efficient cause）——董功，至于有其他的什么因素、目的与背景在产生作用，仍然是理解直向创作历程中一个有趣但还未能被充分解释的话题。

转折的剧烈彰显出建筑师的作用。仿佛在一瞬之间，董功建立起了一套鲜明而成熟的建筑语汇。之前直向作品中仍然游离的尝试，让位于有着强烈个人色彩的设计策略。无论是在材质、光线、形态构成还是隐喻性氛围上，海边图书馆都达到了一种超乎寻常的程度。它定义了一组家族相似的特征，在董功此后的设计作品中不断呈现。图书馆项目自身的特点也进一步渲染了转折的突然性，它建造在一片空无一物的海滩上，完美的白板（tabula rasa）起点，再加上业主的宽容，几乎没有任何限制，也没有文脉线索以依赖，一切的结果只能来自于建筑师自己的构想。在这种特殊的条件下，建筑效果越强烈，越能体现出建筑师个人意志的强硬。这曾经是一些现代主义先驱所渴望的理想状态，"粗野的物质性只有通过人施加给它的秩序来获得理念"[1]。勒·柯布西耶强调的不仅仅是建筑师对材料的控制，他与奥赞方甚至将设计者提升到了神的地位，"当人在创造一件艺术品，他会觉得自己就像神一样工作"[2]。

相比于神来说，普罗米修斯可能是更好的一个比喻。在希腊神话中，普罗米修斯不仅仅是一个盗火者，还是一个独立自主的创造者。盗火是他蔑视既有的宇宙秩序的结果，不再臣服于规则，他按照自己的样子创造了人类，并且赋予他们火、文字、技术与思想。在这个故事中，人类的一切都来自于普罗米修斯将自己的形式注入泥土之中，这正是前面引言中勒·柯布西耶与奥赞方所赞颂的"神"的行为。在 20 世纪初期，混凝土杰出的塑性特征，使其成为承载人类"理念"的完美材料，如同普罗米修斯之火一样点燃了现代建筑的进程。海边图书馆浓重的形态语汇，可以被看作是这一传统在 21 世纪的延展，而它刚刚建造完成时的孑然独立，不免让人联想起普罗米修斯被铁链捆绑在高加索山上的孤独身影。

与普罗米修斯的关联，也让我们注意到一种对海边图书馆的疑虑：这是否是一个建筑师个人意志过于强烈的作品？是否存在个人表达压制了其他一切的危险。在《物的尺度》（The Measure of Things）中，英国哲学家大卫·库珀（David Cooper）正是在这个意义上定义了"普罗米修斯式"的姿态。它的特点是"拒绝以任何方式依靠任何东西——神、其他人、传统、权威或者帮助"[3]，它声称拥有一种"独立自主，可以免除任何权威或者其他因素的限制，不对其他事物负责，同时也并不希望去承担这样的责任"[4]。普罗米修斯的独立创造以及对宙斯的背叛成为这种姿态的典型象征。虽然库珀所讨论的是一种哲学立场，但是在建筑史中，也可以观察到类似的现象。从阿尔伯蒂到托尼·伽尼耶，将艺术家与建筑师类比于神的话语就未曾断绝，而奥赞方与让纳雷的话则诞生于那个催生现代主义的英雄主义时代，他们不仅相信可以塑造全新的艺术与建筑，甚至设想可以借此改变整个社会，"建筑或者革命。革命可以被避免"[5]。

然而，在革命的热情已经消退的今天，我们是否还能够接受如此强烈的个人宣言？在现代主义的美好承诺落空之后，建筑理论重新在传统、场所、生态环境以及技术条件中去寻找根基，一种普罗米修斯式的凭空创造是否还能够让人信服？海边图书馆强烈的氛围效果，难免会让人在初期的触动之后产生这样的疑虑：这种体验的根基是否稳固？是否有某种共通的基础让观察者可以理解和接受它？如果它过于独特以至于只能被归于建筑师的个人意志，那么它与普通体验者的关系应该是怎样的？阿道夫·卢斯曾经警告过，当建筑师的控制欲过强，会造成对使用者的压制。而萨特的那句"他人就是地狱"则更是令人警醒，一个过于强烈的"他者"会带来对自我的威胁。从这个角度来看，海边图书馆的独特性成为一把双刃剑，一方面它帮助塑造了董功作品的个性，另一方面也让人警惕这种个人表达是否会扩散成为一种普罗米修斯式的傲慢。尤其是在我们看到海边图书馆帮助直向开启了一个格外宽裕的创作空间的情况下，这个问题就变得更为敏感和耐人寻味了。

就像密斯所说的："建造，而不是说。"作品是建筑师最好的回应。伴随着直向近两年一系列新作品的完成，我们已经有了相当数量的资料来对这个问题作一个初步的回应。其中最有参考价值的，是 2017 年完成的阿丽拉阳朔糖舍酒店。之所以强调这个作品，不仅因为它像海边图书馆一样有着不可复制的条件，更为重要的是，它的设计实际上要早于海边图书馆[1]。这意味着，在大家所熟知的"转折点"背后，还隐藏着这样一个在当时不为人所知的作品。即使我们不将"转折点"前移到糖舍酒店，也需要将这两个项目一同视为董功作品的崭新起点。它们仿佛是一个双螺旋结构定义了董功此后作品的基因，对新直向的任何讨论几乎都不可避免地要同时参照这两个设计。

正是在这个意义上，我们需要对糖舍酒店进行更深入的分析。更有价值的，是讨论它与海边图书馆的差异，而不是相似之处。这样才能让我们看到一个更完整的"转折点"，让我们更全面地理解董功的作品脉络，进而去解答此前谈到的关于普罗米修斯的疑惑。

图1　项目场地与漓江和阳朔县城的关系，直向建筑提供

图2　1972年解放军画报上刊登的老糖厂照片，图片来源：解放军画报，蒙紫摄，直向建筑提供

从糖厂到酒店

对于任何有创作热情的建筑师来说，糖舍酒店都是一个无法抗拒的项目。一座始建于民国时期的老糖厂，主要建筑是20世纪60、70年代建造，砖混结构，有着强烈的工业元素与形态特征。更致命的吸引力在于，它位于阳朔城外两三公里的漓江岸边（图1）。完全隔离了市镇的喧嚣，糖厂周边维持了相对淳朴的乡村环境。漓江在这里拐了一个弯，展现出广阔的山水景致。在解放军画报1972年刊登的照片上，山脚下的糖厂并未阻挡远处典型的漓江景观（图2）。在山体体量的映衬下，糖厂更像是一个放大的农宅，烟囱中冒出的白烟也仿佛是炊烟一般，与近处的村落相互呼应。相比于我们所常见的20元人民币上的桂林山水，糖厂照片更强烈地烘托出栖居于漓江岸边的美好景象。卢斯曾经断言工程师与农民的建造成果能够与自然环境形成天然的和谐 [2]，《解放军画报》的这张照片奇妙地印证了他的观点。

阳朔本地的传统农宅很多采用土坯砖砌筑。虽然糖厂的灰砖墙体与当地的土砖砌筑传统具有某种相似性，但那张1972年的照片的拍摄动机可能是想凸显糖厂的"现代性"。糖厂的主体建筑制炼车间、大锅炉房、压榨车间、动力车间都采用了砖混结构，但在高耸的制炼车间与大锅炉房中采用了高强度的混凝土框架体系，粗犷而强硬。在20世纪60年代末期的阳朔，这样的建造工艺仍然是不常见的。半个世纪以后，传统农宅已经消失殆尽，反倒是糖厂斑驳的砖墙记录下了过往的技艺。窗户上精细的平拱窗梁，仍然让人感受到一种已经远离当代实践的砌筑体系的建构魅力。

更为独特的是建造在江边高台上的滑车桁架（图3）。糖厂收购的甘蔗经水路运送到江边，通过滑

图3　朝向漓江的滑车桁架，苏圣亮摄，直向建筑提供

车吊起转运到厂内。滑车今天已经不复存在，但是支撑滑车的混凝土桁架仍然完整。不了解背景的旅游者会对这个构筑物的功能产生疑惑，高耸的柱与梁似乎是某种建筑遗存，它深入江面的特殊指向仿佛具有某种宗教内涵。就像是巨石阵或者是希腊神庙遗址，所有容易毁坏的部件都消失了，只留下了最坚固的柱与梁。这很容易让人想起叔本华的观点，建筑的本质是支撑与负重之间的关系，"这一主题最纯粹的表现就是柱与梁"[6]。

任何具有文化敏感性的人都会认识到这组工业建筑的独特性，更何况它处在漓江边这个绝无仅有的位置。项目业主在很早以前就购置了这块土地，并且曾经对老建筑做了初步的修缮与景观整理。主体建筑没有大的改动，只是谨慎地在动力车间之前添加了一片水池，在其中用黑色枕木铺出了一片平台。老糖厂自身的建筑品质与集群的内在活力得到了充分的尊重，这成为整个酒店项目不言而喻的基础。从一开始，建筑师与业主就在某种确定前提之下合作，这当然不同于海边图书馆的完全放任。这甚至也可以解释业主最初对建筑师选择的犹豫，毕竟这是在海边图书馆为直向大幅提升知名度之前。最终推荐人——室内设计师琚宾——的肯定说服了业主，董功获得了一个几乎无法复制的机会。

广场

如何实现对糖厂老建筑的尊重是整个项目的核心。尊重是一个过于宽泛的概念，它可以呈现在完全不同的策略中。像卡洛·斯卡帕在古堡博物馆中嵌入新要素以重新组织流线与空间秩序是一种，像卒姆托在柯伦巴艺术博物馆（Kolumba Art Museum）中以新建筑覆盖和吸收老建筑遗存是另一种，像诺曼·福斯特在尼姆当代艺术博物馆中让新建筑在一旁谦逊地呼应罗马神庙也是一种。

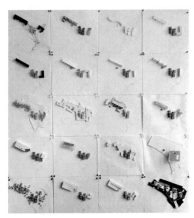

图4　早期方案比较探索过的不同组织方式，
直向建筑提供

当然也还有像格瓦斯梅与西格尔（Gwathmey and Siegel）在古根海姆博物馆改建中令人失望地让新旧建筑简单堆积的做法。

在糖舍酒店中，董功的操作空间是比较宽裕的。毕竟用地较大，老建筑的历史价值并不是那么绝对，周围也没有密集的建筑文脉给予限制。从直向的早期工作模型中可以看到不同策略的尝试，比如用方形盒子将老建筑整个罩起来，或者是用散布的新建筑环绕老建筑，形成一个整体匀质性的肌理（图4）。董功最终选择的，是类似于福斯特在尼姆当代博物馆中所采用的策略。福斯特的新建筑面向一个完整的长方形城市广场，广场中心是一座保存完好的罗马神庙。福斯特完全弱化了新建筑的立面，以细长的立柱与通透的顶棚呼应罗马神庙的立柱门廊，整个建筑的庞大体量被隐藏在退后的玻璃立面之中，避免了对神庙形成压迫。福斯特的设计是在一个既有的广场环境中展开，他合理地回应了文脉提出的限制性要求。董功并没有这样的限制，但是他自己施加了这种限制。老糖厂与公路之间的大片空地被留了出来，成为一片宽裕的广场，整个老建筑群展现在广场的端头。这类似于欧洲城市广场中所常见的，主教堂立面位于广场尽端的空间格局（图5）。这样的处理显然是为了强化老建筑的重要性，一个更为强烈的空间轴线被塑造出来，起点是神秘的滑车桁架，经过两旁高大的厂房建筑的夹持，进入一片开阔的广场，另一端的土坡阻挡了道路的喧嚣，而越过土坡则是远方环绕的群山。

一个过去并不存在的新要素——广场，成为整个项目的空间组织核心。新旧建筑与广场的关系取代新旧建筑之间的关系成为人们首先关注的事物。福斯特的博物馆填补了尼姆完整的广场边界，董功则用东侧 L 形的两层别墅、西侧标准客房的山墙面以及联系敞廊完成了对两旁边界的围合。与福斯特的设计一样，董功新建的两部分都明显地与老建筑拉开了距离，避免了直接的冲突。但

图5　从滑车桁架穿过厂房延伸到水广场的轴线，陈颢摄，直向建筑提供

更重要的是，董功新建部分的最大体量——标准客房部分，仅仅以狭窄的山墙立面对向广场，整个体量都被掩盖在山墙之后。为了进一步削弱新旧差异，董功甚至对山墙面做了进一步缩减，他让三至五层悬挑出来形成一个完整的、飘浮在空中的双坡立面。一个原本五层的建筑，却仅仅展现出三层尺度的外观（图6）。在视觉效果上，它的大小已经与老糖厂动力车间和压榨车间类似，而远远小于制炼车间和大锅炉房的体量。三层立面上特意开出的窄条窗，也诱导人们去设想混凝土山墙之后是一个有着民居特色的建筑物，而不是有100多间标准房的高档宾馆。这种联想或许会让追求真实感的普金与拉斯金感到困惑，但也必须承认，它成功地避免了新建筑与老建筑之间谁才是主体的竞争。

廊

为了获得更大的广场，董功将标准房部分放置在三角形场地最东端的窄条中，处于山崖与马路之间。在西端，悬挑的三层立面之下，一道混凝土顶的敞廊起到了联系新旧建筑的作用。很明显，这条敞廊的设计经过了精细地推敲，董功对细节的敏锐控制在这里有充分的展现。大约脱开悬挑部分的底面1米，敞廊的混凝土顶板开始顺着立面的走向往动力车间延伸，大约30米后再转折成为与老厂房立面相同的方向，最终与动力车间的侧立面相接。作为整个项目中几乎唯一一个连接新旧建筑的要素，这段敞廊的设计极为重要。它如何触及新旧两个体系并形成路线和语汇上的顺畅联系，并不是一个很容易处理的问题。董功采取的策略仍然是克制与退让，混凝土现浇的顶板创造出一道绵长的平滑顶面，没有了形态变化的干扰，这段顶面最富有吸引力的地方是光影变化。有着细密模板肌理的土黄色的混凝土看起来有点像层叠宣纸切割后形成的断面，时明时暗的光影效果则是宣纸上含蓄的墨迹渲染（图7）。廊道下几块刻意保留的山石进一步烘托了这种接近于水

212

图 6　标准客房部分挑出的山墙，陈颢摄，直向建筑提供

墨画的气质。

在具体的交接处理上，董功巧妙地回避了挑战。在新建筑一端，廊道顶板虽然深入悬挑体量之下，但是与楼体和顶板是完全脱离的，是缝隙而不是任何实体性元素连接了两者。在旧建筑一端，顶板的主体也与动力车间断开，只是在后方有一段窄条直接搭接在旧建筑之上。很明显，建筑师试图营造裂缝的观感。一道花砖墙从标准房体量中延伸出来，穿入敞廊之下。同样，在花砖墙与顶板之间留出了足够的缝隙，定义出顶板与墙体之间若即若离的平行关系（图 8）。

这些缝隙的作用是微妙的。一方面避免了实体的直接对撞，另一方面也作为一个缓冲区域调和不同性质事物之间的关系。缝隙没有对被连接物的关系进行明确的定义，但是却留给观察者足够的"空间"去揣测这种关系。它在这里具有了某种实体性，这可以被视为空间概念实体化的另一种体现。卡洛·斯卡帕在古堡博物馆坎格兰德骑马像区域中就是依靠各种不同类型的缝隙化解了各个历史层级的潜在冲突[3]。董功处理的新旧关系虽然要简单得多，但是在缝隙利用的策略上是统一的。新旧建筑通过一个通透、灵活的纽带联系起来，而不是依靠强硬的节点粘接在一起。

敞廊下镂空花墙的作用也不仅是连接，它将 7.2 米宽的敞廊划分成了两条廊道，外侧的供人们从入口前往大堂，而内侧的则专属于居住在标准客房中的客人。这种双廊的模式在江南园林与市镇中并不少见，通透的墙体与刻意留出的窗洞都提升了园林的意向。在阳朔这样景致优美的地区，这样的设计显然是合理的。对于普通游客来说，即便是平常的漫步，都具有了欣赏的性质。董功在标准客房的五层体量中采用双廊模式很可能就是出自这个原因。令人惊讶的是，糖舍酒店让我们意识到，双廊这个并不那么特别的要素竟然具备如此巨大的创作潜能。必须承认，廊道在现代

图 7　连接标准客房与前厅的外廊顶板上的光影变化，赵亮亮摄，直向建筑提供

图 8 山墙、顶板与花墙之间的缝隙，陈颢摄，直向建筑提供

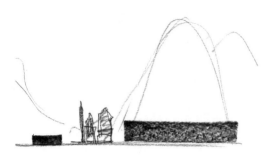

图 9　早期意向草图，直向建筑提供

建筑史上是一个被寄予厚望但是并未得到充分挖掘的元素。从傅立叶的法郎斯泰尔，到勒·柯布西耶的马赛公寓，再到史密森夫妇的金巷住宅区方案，建筑师们都希望廊道超越普通的交通功能，在建筑中发挥更为多样的作用。但是这些方案除了在宽度与长度上扩展之外，并没有给予廊道更丰富的体验效果。走廊仍然是现代建筑中较为平庸的元素。

在糖舍酒店的标准房部分，廊道成为必须要处理的问题，这与标准客房部分的总体设计有关。经过不同草案的比较之后，董功仍然选择了最接近于早期草图的方案，102 间标准间被纳入一个 120 米长、21 米高的，有着整洁外形的水平体量之中。在草图中，山体的高耸与地面的水平线条形成了鲜明的反差（图 9）。这恰恰是阳朔地区喀斯特地貌的特点。石灰岩山体经过侵蚀变得格外陡峭，从地面上突然升起，与大地以及漓江平静的水面产生强烈的对比，山体的竖直以及地平线的平坦在对比中都得到了强化。董功对水平体量的选择显然是对这种特殊山地关系的回应。有意思的是，董功原本打算采用更简洁的平顶，双坡顶的建议实际上来自于当地官员，意在与当地传统产生联系。这或许是非常罕见的，官员的干预能够产生更好效果的案例，董功接受了这个至关重要的建议。

组织体量内各个房间的是简单的单侧廊，面向山体的是标准客房，面向道路的是外廊。如果没有特定的处理，一条 120 米的通长外廊几乎是不可忍受的，它的呆板与僵硬无法与场地的景观内涵相协调。董功采取的对策是将 2.2 米宽的单廊切分成对等的双廊，游客们可以在内外两条廊道中切换。这使得建筑师可以在不同的局部对内外廊进行特殊处理，有时内廊变成中空的吹拔，有时外廊变成贯通上下的楼梯，有时双廊直接合并成为宽敞的单廊，还有时外廊直接与室外场地合并，使得内廊变得狭窄和幽深。必须承认，这个简单的切分为廊道带来的复杂变化是出人意料的

图 10　标准房部分的双廊，陈颢摄，直向建筑提供

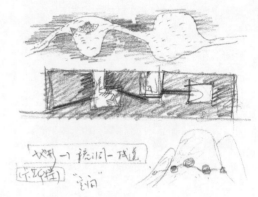

图 11　早期草图中廊道与洞穴的关系，直向建筑提供

（图 10）。不同于江南的传统双廊，糖舍酒店的 5 层廊道提供了高差变化的丰富可能，双廊的多样性得到了进一步的挖掘。这几乎可以被视为一种新的模式语言（pattern），为廊道处理长久以来所面对的困境带来了充沛的潜能。

洞

单纯地将廊道复杂化还不是理想的解答。如果没有特定的目的，行进常常会失去意义。建筑师还需要给他复杂的双廊体系注入更多的内容。实际上，虽然我们先讨论了廊道，但路径与目的地在早期设计中是同时出现的（图 11）。董功再次采集了阳朔本地另一种常见的自然元素——溶洞。他在标准房体量中切割出了三个巨大的孔洞，来模拟溶洞的场景（图 12）。不同于其他坚硬的石质，石灰岩容易被流水溶蚀，在山体中形成复杂的洞穴体系，有着各式各样的通路与变化剧烈的内部空间。在这个意义上，董功多变的双廊体系的确与溶洞中的交错路径类似，它们与三个深切入楼房体量中的洞口一同构成了一个溶洞体系。在廊道与洞口中游走，变成一种类似于溶洞探险的过程。虽然不至于像泰国小足球队员们那么危险，但初来乍到的游客在"溶洞"中游历时失去方位几乎是不可避免的，好在可以帮助他们跳出迷宫的电梯并不难寻找。

从单侧廊的直白与平淡到溶洞体系的错综复杂，董功几乎完全颠覆了一个常规交通体系的建筑体验。双廊的内外切分带来的不仅是廊道长度的扩展，也使得通廊的表现性获得成倍的增长。董功用三段外廊在立面上切割出清晰的通道，将三个"洞口"联系起来，诱导人们去逐一体验三个洞子的不同特质。洞口中剧烈的形态变化意在模仿天然溶洞的复杂组成。最吸引人的当然是中间的洞，因为它正对着后面山体裸露的垂直岩壁。站在其中，的确有在山洞外缘看向一旁山体的印象

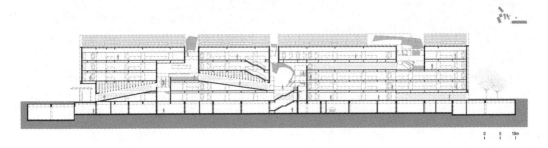

图 12　剖面上呈现出洞口的设置，直向建筑提供

（图 13）。在最初设计中酒店主入口本应正对这个洞口，以便让人直接看到岩壁。后来因为用地限制，入口东移，虽然错失了一个"奇观"，但收获的未尝不是另一种含蓄。

三个洞口中用毛竹编织而成的延展折面自然是对漓江竹筏的隐喻。不过今日漓江上穿梭的都是PVC管模仿毛竹做成的筏子。虽然两岸遍布竹林，毛竹作为一种重要的构造材料已经在民间消失了。董功的竹编折板是对这种传统材料的纪念。毛竹在钢架的支撑下获得了特别的形态，顺着洞穴的走向伸展蔓延。它们看起来更像是洞穴中某种人造建筑的遗存。虽然反常的外形无法让人确认最初的建筑是什么，但是墙体、拱顶、坡面等元素仍然透露出建筑的形态特征（图 14）。从这个角度看去，这些竹排与漓江边的滑车桁架有着类似的性质，都喻示了时间对人造事物的侵蚀。阿尔瓦·阿尔托认为展现这种侵蚀是一种美德，"你的家应该刻意地展现你的一些弱点"[7]。在玛利亚别墅中，我们可以看到他如何使用那些"脆弱"的木材与绳索。建筑的弱点也与人的弱点有直接的关联，而只有承认自己的弱点，我们才是人，而不是神。在室外气候的影响下，糖舍酒店的竹排已经显露出色调的老化，一些藤蔓也开始沿着竹排爬升。阿尔托的话仍然是对这种变化最动人的总结："任何没有这种迹象的建筑创作都是不完整的，那样的建筑不会是活的"[8]。

一个有意思的插曲：董功曾经设想邀请艺术家在三个洞口中设计一些装置，但几经比较之后，还是放弃了这个想法，选择在本地文脉中提取素材。这当然是一个正确的决定，竹排在形态、质感以及建构特征上与混凝土现浇实体的强烈反差，成为糖舍酒店的标志性特征。虽然是经过了建筑师的精心处理，但是绝大多数人都会辨认出它在当地传统中的来源。

图 13　从溶洞空间看向山岩，苏圣亮摄，直向建筑提供

图14　洞口中的竹编折板，苏圣亮摄，直向建筑提供

石

相比于溶洞的隐喻，从外部看来，标准客房部分更像是从一整块经过了精细切割和挖凿的石头。这种联想来自于混凝土与石灰岩质感、色彩上的相似性，也更出自于建筑本身清晰的几何特征。完整的外形让整个楼体仿佛是从山岩中切割出来的一块巨石，就像埃及阿斯旺采石场中已经被局部剥离，并完成了精细打磨的方尖碑。初步的加工已经完成，只是出于某种原因而没有运往将要使用的地方。在糖舍酒店这块巨石上，廊道与洞口的几何边界都格外平直，暗示出石材切割的痕迹。如果这真的是一块石头，明显有人曾经对它进行了深入的加工，只是今天已经无法辨别当时进行这些工作的意图。那些类似于建筑遗存的竹排，更像是后来的人们利用已经被放弃的半成品巨石来搭建的临时居所，但它们与巨石最初的生产目的并没有直接的关系。这种联想给予糖舍酒店更深重的神秘色彩，一个背后的目的与组织秩序明显存在，但今天的人们却并不知道它到底是什么（图15）。

这种神秘寓意也与设计的几何语汇有关。将石材切割成特定的几何形状用于建筑是从古代延续下来的传统，随着拱券和拱顶等复杂形态的出现，石质构件的形态也变得更为复杂。虽然在16世纪菲利贝·德·洛姆（Philibert de l'Orme）与阿隆索·德·万德维拉（Alonso de Vandelvira）的著作出现之后，建造者们才能利用几何方法准确地推测这些构件的精确形状，但在此之前，中世纪的石匠们仍然能够依赖一些流传下来的技法以及一些偶然性的措施，比如现场打磨以及混凝土与灰浆的填塞，来完成复杂结构的建造[4]。这些技法虽然没有严格的几何推理支持，仍然构成了石匠行会中最"隐秘"的知识。它们的作用不仅是实用性的，也是象征性的，它们意味着石匠们传承了某种神秘的真知，这也成为此后共济会吸引知识分子加入的原因之一[5]。这种象征性当然

222

图15 标准客房部分建筑体量的切割，陈颢摄，直向建筑提供

与人们对几何的特殊理解有密切关系。"几何是关于永久恒定（always is）的知识"，柏拉图的话简要地概括了"几何"的形而上学内涵。几何的抽象性、准确性、逻辑性以及普遍性是现实世界背后那个完美理性本质的最佳代表。因此，几何原型虽然远离真实的自然形态，却能够揭示关于自然最根本的知识。因此，对石材的几何加工具有了一种象征性内涵，柏拉图认为工匠们需要使用尺规与仪器来获得更高的准确度，这使得建筑成为比其他手工艺更为高级的一种技艺[6]。

这或许可以解释我们看到糖舍这块被切割过的"巨石"时所感受到的那种有些难以言表、陌生而又熟悉的感觉。虽然佩雷兹－戈麦兹（Alberto Pérez-Gómez）认为在19世纪以后，人们对于几何的主流理解已经完全工具化了[7]，但这并不意味着它曾经拥有的超验内涵就已经完全失去。库布里克的《2001太空漫游》（2001: A Space Odyssey）就是这种理解仍然存在的明证。在建筑界，经典几何元素仍然是建筑师们最喜欢使用的素材，在密斯与康这样的建筑师手中，它们成为传递建筑哲思的最有力的手段。

之所以要特意强调切石与几何的内涵，是因为这两点是董功近期作品的典型特征。以最突出的海边图书馆与糖舍酒店标准客房楼为例，两个设计都是在一个完整体量中进行切割挖凿，并且都有着强烈而清晰的几何控制。其他项目如船长之家与阿纳亚海边餐厅虽然体现得不是那么直接，但更进一步的观察仍然可以在拱顶与透空屋顶中看到经典的几何秩序。实际上，在直向早期的设计中，对完整几何原型的喜爱就是显露无遗的。但一个明显的不同是，在海边图书馆以来的设计中，董功的几何原型往往有着更明显的隐喻性内涵。海边图书馆的洞穴、糖舍酒店的石块、船长之家的"中厅"（nave），这些几何元素是典型的"厚"（thick）元素，有着丰厚的内涵沉积，也给整个建筑带来此前作品中并不具备的"厚度"。至于这种厚度的感染力从何而来，它与几何原型有什

223

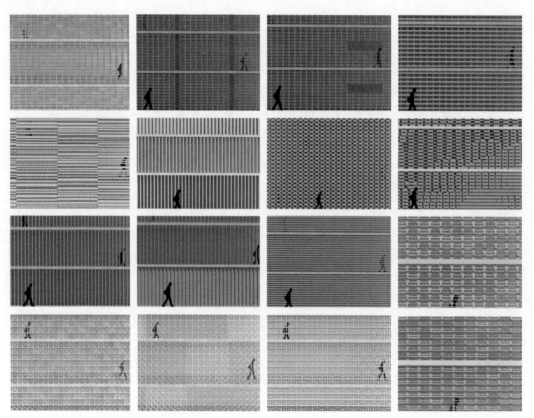

图 16 透空墙体设计的多方案比较，直向建筑提供

图 17　混凝土砌块与白沙石透空墙的砌筑细节，陈颢摄，直向建筑提供

么关系，是一个远远超出了本文范畴与作者能力的话题。这里所能做的，仅仅是强调这种现象的存在。巴拉甘当然是对几何元素的这种魔力最了如指掌的建筑师之一："我们发现，如果要避免干扰或者破坏自然景致的美，如果要创造与其和谐的美好建筑形式，我们应该选择最极端的简单性：一种抽象品质，最好是直线、平整表面以及基本的几何形状"[9]。稍加观察就会意识到，墨西哥建筑师所列出的几条原则也完全适用于糖舍酒店的标准客房楼。几何与自然的复杂关系，还远远没有得到充分的认知。

另一个与切石有直接关系的，是镂空墙体的砌筑。在阿丽拉酒店中，新建部分随处都可以看到这种特殊的墙。由于董功刻意削弱了柱和梁的存在感，在缺乏其他结构元素的干扰之下，混凝土现浇实体与空心砌筑体之间的关系变得非常的纯粹，两种建构体系各自的特性也得以进一步的彰显。这样设计的意图很容易理解：老糖厂的主体建筑同样是由现浇混凝土与砖砌体共同搭建而成的，董功的透空墙体是老糖厂砖墙的自然延续。如果看过直向为墙体所做的十余个不同方案，就会认同，目前的设计的确是这些方案中最出色的（图16）。"回"字形混凝土砖避免了实体砖的沉重感，两层混凝土砖之间根据业主的建议采用了当地出产的，有着青白相间纹路的白沙石。为了减少空心砖中心的负重，白沙石只放置在两块混凝土砖的交接处，相邻两块石头之间也拉开了一段缝隙。这样的设计获得极为独特的双重效果。在近处，混凝土砖与白沙石的砌筑关系非常清晰，一虚一实的对比让砌块的交叠关系异常明确。但是在远处，两种砌体的差异被模糊了，在实体映衬之下，反倒是空心砖的中空部分与石块之间的空隙凸显出来，整面墙仿佛是由这些"空"的砌块叠加而成。相比于实体部分，这些"空"砖的尺寸更接近于老厂房所使用的砖块，一长一短的交错，也类似于一顺一丁的英式砌合法。老厂房或许是旧时砌筑技艺的忠实遗存，新客房则在这一传统中挖掘出更为丰富的建构内涵（图17）。董功最为人所熟知的是他对混凝土塑性的纯粹驾驭，糖舍酒店的花墙则让我们意识这种熟悉印象的局限性。建筑师不仅尝试了砌筑模式，还将混凝土空心砖与白沙石混合使用，在墙体中使用这样的材料组合在当代已经极为罕见，但是在阳朔本地的民间传统中其实存在这样的先例。再往前追溯，砖、石头、混凝土的混合使用在拜占庭与古罗马的墙体砌筑中普遍存在。从技术与效率的角度看，这样的做法似乎已经没有意义，但是在赖特、康与斯卡帕这样的建筑师手中，材料并不是一种消耗品，它自身的品质以及建构特点本身就是建筑价值的组成部分。

材料使用的谨慎与专注，是董功新作有别于直向早期作品的重要特征，在糖舍酒店，这种探究以同样的深度扩展到石头与混凝土的结合使用中。这或许是都灵理工大学的克罗塞特（Pierre-Alain Croset）教授认为在这个作品中可以感受到斯卡帕作品气息的原因之一，没有人能够像这位意大利建筑师那样杰出地抹去混凝土与石材之间的等级差异，在糖舍酒店我们看到一个极为少见的追随者。

水

另外一个让人产生斯卡帕联想的要素是水。威尼斯与水的血缘关系，在斯卡帕的众多作品，如古堡博物馆、威尼斯建筑大学校门以及布里昂墓地当中都得到了深刻的体现。尤其是威尼斯斯坦帕尼亚基金会，他不仅呈现了花园中意味深长的水流，还设计了有着丰富建构细节的入口小桥[8]。在斯卡帕的眼中，水显然是另外一种具备无穷可能性的建筑材料。在阳朔地区，水的重要性同样不言而喻。山和水总是同时出现，但常常被忽视的是人类构筑物与水的关系。今年夏天，清华大学同学对桂林地区传统步行桥梁的调查研究展现出这一地区桥梁建筑异乎寻常的丰富性[9]，木头、石块、条石，不同的材质以廊桥、拱桥、平桥等不同的建构方式与水流发生着关系。可惜的是，在旅游开发的热潮下，水已经变成了激烈争夺的旅游资源，阳朔县城里漓江两岸密集的多层旅馆几乎摧毁了人们对桂林山水的美好印象。这让我们意识到，虽然毗邻江边，董功与业主让所有的客房都远离漓江，自愿放弃"江景房"并不是一个普通的决定。唯一接触江面的，只有如希腊神庙废墟般矗立的滑车桁架。作为补偿，酒店在这里设置了泳池。一个被柱廊所环绕的水池，这仿佛是德·基里科的形而上学画作《意大利广场》中的诡秘场景。更为特殊的是夜间，当周围山体作为张艺谋"印象刘三姐"的远景被探照灯照亮的时候，你浸入池中，在《世上哪见树缠藤》的萦绕之下，会感受到一种强烈的超现实主义氛围。至于如何解读这种奇异的景象，是一个非常适合游泳时思考的问题。

水的重要性在这个项目中是毋庸置疑的。建筑师将整个场地中最优越的地块，三角形场地的中心完全留给了水面。消防水池被转化为一个平静宽敞的水广场，设计者非常成功地让浅水池呈现出翡翠般的绿色，池边的卵石与水底的石板都强化了池子的自然特征。在酒店项目开始前的一次维修工程中，业主已经在动力车间北侧挖出了水池，并且在池中用黑色枕木搭出了一块方形平台。虽然并不是非常完善的处理，但是董功仍然延续了这个早期工程的脉络，他将水面大幅扩大，占据了绝大部分的空场地，甚至包围了老糖厂的部分厂房。原来水面上的枕木平台转化为方形的下沉院落。院落两个边是白沙石砌筑的阶梯状石台，池水从这里流下会溅落到院子周边的石块铺地上。在另一边是略微抬升的木质平台，尽端是水池边墙壁上的一条长凳（图18）。坐下之后，人的视线已经与水面非常接近，山体翠绿的倒影与池水自身的绿色几乎融为一体。平静，显然是董功与他的合作者们想要营造的。如果不提斯卡帕的布里昂墓地，在密斯的巴塞罗那馆、在巴拉甘的圣克里斯托瓦尔马厩，我们都可以看到水面如何帮助实现这一目的。尤其是后一个案例，水声、

图18　下沉院落一角，陈颢摄，直向建筑提供

树荫、条凳已经成为一种经典的配置。"没有表现平静的建筑就没有实现它的精神意图"[10]。对于巴拉甘来说，水面是另一个具备完美简单性的抽象元素。类似于标准房部分的简洁几何体量，董功致敬般地采用了同样的元素。实际上，平静也是董功近期作品中最明显的"精神意图"之一，只是在糖舍酒店，它的实现方式更为丰富。"平静是对抗焦虑与恐惧的伟大而真实的解药"[11]。巴拉甘用他的建筑语汇阐释了这个被伊壁鸠鲁、斯多葛学派以及佛家、道家、儒家哲人们反复重申过的古典智慧。在今天看来，它仍然是最有价值的"解药"。这显然是很多人前往阳朔的原因之一。

为了连接酒店接待厅与别墅部分的客房，董功设置了一条与下沉院落结合的坡道穿过水池。在行进中，人的注意力会自然而然地转向与水面不断变化的关系。在最低点，视野的高度几乎与水池中游动的野鸭类似（图19）。虽然没有漓江中的竹筏，设计者仍然设法让人有了身处水面之上的特殊感受。从这个角度看来，董功的确在水的阐释上完成了深入的工作。就像上面所提到的，相比于此前，直向所使用的材料变少了，但是对于每一种材料的使用都更为谨慎和坚定，这当然是一种积极的变化。少或者多本身不应该是标准，需要判定的是材料的价值是否得到了充分的挖掘。在这一点上，直向的工作应该得到肯定。略有些遗憾的是，董功并没有在这个项目中设计一座真正的桥。这本应是一个极富潜力的挑战，我们会很好奇阳朔地区丰富的桥梁建构积淀能够在这里转化为什么样的事物，毕竟我们已经看到他对厂房、对墙体、对水的独特解读。这种期待只能留待将来再去填补。此外，水池边缘与下沉坡道的直线特征也有些令人意外，更为柔和的处理似乎能够与南侧滑车桁架中的泳池拉开更明显的距离，也可以让新建建筑的几何性更为突出。

228

图 19　通向别墅客房的下沉坡道，青锋摄，直向建筑提供

采药人

本文不断提及斯卡帕的名字，有着特定的意图。我们试图以斯卡帕为线索来解析糖舍酒店的设计策略。斯卡帕同一时期完成的古堡博物馆与斯坦帕尼亚基金会几乎是任何旧建筑改造项目都必须参考的案例，而他对材料、对建构细节、对手工艺传统的挖掘迄今仍难有人企及。但真正能够对更多建筑师有所启发的，是他的设计策略。虽然斯卡帕对此并没有明确的理论阐述，但他那句"我是经由希腊来到威尼斯的拜占庭人"的自我定义，仍然透露出一种迥异于现代主义主流的建筑哲学 [10]。它所指代的是一种超越时间、地域、文化疆界的限制，将不同的传统汇集在一起的态度。建筑师不再受到"时代""风格"或者是"理性"的束缚，能自主地决定在哪些传统中提取素材使用在当下的创作中。威尼斯商人们曾经非常善于在地中海沿岸的不同地区寻找有价值的商品，这也在威尼斯建筑的混杂性上留下了印记。斯卡帕一些最经典的作品就是这种汇集的产物。在古堡博物馆坎格兰德二世骑马像区域，可以看到他如何将古罗马、中世纪、18 世纪、20 世纪 20 年代与 20 世纪 60 年代的不同历史层级汇聚在一起。令人动容的是，就在 1978 年动身前往日本之前，斯卡帕还将自己比拟成即将前往东方采集另一种文化传统的马可·波罗，遗憾的是他再也没有从这一旅程中返回 [11]。

在广西十万大山中，采药人也在从事类似的工作。他们钻入山林之中，在千万种植物中寻找和采集药材，有时甚至需要去到偏远和危险的深山之中。不同于工业化的伐木操作，一个合格的采药人是懂得珍视资源的人，他们会仔细地甄别哪些植被是可以采集的，哪些应当保留以维护物种的健康繁衍。采药人对于他要采的对象有着真挚的尊重，而不像现代工业将原料只是作为消耗的资源。这也是海德格尔笔下，一个古希腊银匠与河流大坝之间的不同 [12]。同样的尊重也体现在对药材的处理之中。每一种药材都需要经过特殊的制作流程，采药人们需要理解药材独特的药效，才能以恰当的手段进行提炼和保存。最终，这些被精心寻觅、谨慎采集和仔细处理的药材汇集在方剂中，成为治病救人的药品。

认识、采集和转化，这是斯卡帕与采药人同样进行的工作。他们首先是发现者，然后才是操作者。这也就意味着，他们的"作品"特性很大程度上是由被发现的事物所决定的。操作者并不是造物者，他们的干预是必不可少的，但是这些干预的目的是让被发现事物的内在品质更鲜明地呈现出来。在糖舍酒店，我们看到的也是类似的做法。董功在山水、在厂房、在双廊、在砖墙、在溶洞、在水面中采集了到了他所需要的素材，以审慎而深入地阅读阐释，将它们转译为从水面广场到白沙石砌块的种种建筑元素中。在这个项目中，几乎没有什么元素是全新或者出人意料的，但是当所有这些熟悉的元素融合在一起，一个新鲜而意味深长的建筑场景诞生了。人们很容易与这个建筑产生回应，因为他们可以在双坡屋顶、在镂空花墙、在跌落流水、在折叠竹排、在楼体孔洞中轻易地辨别出他们所熟知的原型。董功是在一个被发现的"日常语言"中操作，"这是一种已经达成的艺术手段，一种经年累月获得的普遍语汇，通过它，艺术家真正地与观察者的理解相互沟通"[12]。上面的引语来自于尼采，他以此强调"日常语汇"传达意义的能力，同时批评"创新狂热"在这一方面的缺陷。的确，一个使用"日常语汇"的建筑师首先需要抵抗的是去创造一种全新语汇的诱惑。即使是在先锋运动的热忱已经消散的今天，这仍然是一个难以抗拒的诱惑。

一个优秀的采药人不会受到这种困扰。他的价值不在于魔法般地创造出新的药材，而是把已经积蓄的药效尽可能完整地保留下来。采药人的美德首先体现在敏锐地观察与发现，其次是正确地收集与加工。这听起来似乎远没有创造新事物那么富有挑战性，但是只要曾经对任何技艺有过深入地研习就会明白，这些行为背后需要什么样的觉察、训练与拿捏。在糖舍酒店那些看起来顺其自然的选择与决定背后，建筑师精确的提炼和细腻的研磨很容易被表面的逻辑所掩盖。但是对于建筑品质来说，技艺与态度显然是比概念更为可靠的保证，就像你会更为信任一个富有美德的人，而不是一个善于出"点子"的人。董功对建筑品质的深度驾驭以及对细节的严格控制很容易让人对他的作品产生信任。如果说在 2013 年，业主还对他是否能够胜任这个项目抱有疑虑，那么在糖舍酒店之后，还可能抱有这种疑问的人只会更为稀少。更为重要的是，在糖舍酒店，这些技艺与美德都从属一个目的，去发现这片土地上已经蕴藏的价值线索，以耐心与理解去给予培育，最终获得是一种"揭示"（revealing），而不是消耗与压制。

采药人的美德，或许是我们在糖舍酒店与斯卡帕、巴拉甘的作品之间感受到关联性的根本原因。而直向近年创作与路易·康作品之间的联系也很可能出自同样的缘由。远比语汇的亲缘关系更为重要的，是相似的价值认同。那些远去的大师们分别在各自的山林中去采集渴望的素材，或者是威尼斯复杂的历史传统，或者是墨西哥城外裸露的火山岩，再或者是罗马废墟中砖拱留下的阴影。他们为我们提供的价值成果，也成为其他建筑师采集的对象。糖舍酒店令人印象最深刻的地方，就是董功如何在经典与地方的两块山林中寻找到理想的素材，最终搭配出巴拉甘所说的，给予人平静的"解药"。这是一个真实的"采药人"的作品。

结语

回到文章开头的讨论，很明显，我们想建立普罗米修斯与采药人的对比。

普罗米修斯是一个叛逆的创造者，他完全凭借自己的力量塑造了一个新的物种，并且赋予他们知识与理智。采药人是一个顺从的采集者，他依赖于已经存在的丰富资源，在其中发现和收集，让潜在的药效更为凝聚。在具体行为差异的背后，是根本立场的不同。前者是孤独而自由的，他无需依靠也无所依靠，个人创造是他的能力展现，也是唯一体现其存在特性的方式；后者认为自己是自然的一部分，他在山林中提取价值，也同时富有责任维护山林的完整存续。在这种关系中他会感受到安全与满足，他自身的价值与整个自然的价值有着同样的基础与诉求。

如果说海边图书馆的设计会让人有普罗米修斯的联想，那么糖舍酒店所对应的则是采药人的形象。就像前面提到的，因为海边图书馆的影响力是如此广泛，以至于人们会对董功建筑语汇中极为强烈的个人控制产生质疑。但糖舍酒店提醒我们，将他划定为一个普罗米修斯式的建筑师显然是不全面的。因为就在同一时期，他另外一个几乎同样重要的作品所呈现的完全是另外一种态度——采药人的姿态。2013 至 2014 年这一段时间是直向建筑创作历程上一个重要的转折点，但是只有将海边图书馆与糖舍酒店放在一起才能看到一个更完整的转折图景。

普罗米修斯与采药人，在新直向开启之时，某种双重性就已经存在。在此后的历程中，可以不时地看到它们以不同程度浮现。比如苏州非物质文化遗产博物馆与长江美术馆较为接近于前者，船长之家、所城里社区图书馆更接近于后者，而海边餐厅与雾灵山图书馆则介乎于两者之间。有趣的是，现在回头看去，在董功近几年的作品中，仍然是海边图书馆与糖舍酒店最极致地体现了两种不同的倾向。当然这不一定是建筑师刻意制造的戏剧性，毕竟这两个项目独特的背景都是极为罕见的。海边图书馆曾经荒芜的沙滩与旷野已经被酒店与公寓替换，那种普罗米修斯式的悖逆与坚毅也一同淡去；糖舍酒店的老厂房与山水景致也不可复制，这是很多建筑师梦寐以求的理想项目，能够在 2013 年还不那么知名的时候获得这个委托，董功应该是非常幸运的。不过，背景条件的特殊并不能掩盖建筑师的绝对作用，真正值得肯定的是建筑师充分利用了这两个独一无二的机会，创造了两个不可重复的作品。虽然有基本策略的差异，但两个项目中体现出的建筑师目的的清晰性与手段的纯熟和严谨几乎是一致的。就像前面所提到的，为何会在短期内出现这样显著的特色，是直向建筑制造的一个谜题。

这篇文章的讨论，似乎最终将我们引向一种二元论，一个普罗米修斯与采药人的二元论，一个创造者与采集者的二元论，也是一个悲剧性的英雄与怀有满足感的山民的二元论。对于这两种立场的差异，更富有启发意义的是布尔克哈特（Burckhardt）对普罗米修斯这一人物寓意的分析，这个神话中的巨人"让一种背叛的情绪持续存活在人们心里深处，这是对于神与命运的抱怨"[13]，因为"人明显不属于这个宇宙的原始计划，而是由一个泰坦巨人——神祇中'非法'一代的其中一个成员——的造物举动带到现实之中"[14]。与他们的创造者一样，人不可能得到神与命运的特殊眷顾，因此只能依靠自我肯定、自我实现来塑造存在的价值。在普罗米修斯式的英雄性背后隐藏着一种形而上学的悲观主义，没有什么外在事物可以保证人的存在具有意义。

与此相反，在采药人背后隐藏的则是一种乐观主义。他所有的行动就建立在一种信任与感恩之上，因为自然已经为他准备好了给养，他将在寻觅和劳作之后得到馈赠与满足。在悲观与乐观的分歧点上，站立的实际上是对人在整个世界中处于什么样地位的疑虑。一个最极端的例子可以说明这种疑虑是多么难以摆脱：相比于神秘而无垠的宇宙，地球与人类都如此的微不足道而且注定会烟消云散，这是一种无法摆脱的悲观结局；但在另一方面，在如此冷漠而浩渺的空间之中，居然会有这样一个具备了无数特定条件的星球，使得人类得以进化繁衍，这无异于一个奇迹，能成为这个奇迹的一部分就已经是一种不可思议的幸运。虽然二元论已经遭受了太多的攻击，但是在描述人的根本处境这一点上，似乎仍然没有其他更具有说服力的理论能够完全替代。

建筑为人提供栖居之地，这既是身体上的，也是情绪和理智之上的。建筑师可以选择对那些人类的需求做出回应，他可以将自己限定在提供足够的面积和光线，也可以将任务扩展到根据人们的根本处境做出应答。董功近年的创作可能更偏向后者，他作品中浓厚的隐喻性氛围建立了建筑与人们深层需求之间的关联。所以在面对乌云笼罩的阴沉海面时，一种无所依靠的悲凉唤起普罗米修斯的反抗与自我肯定，但是在青山绿水的漓江之岸，人们所需要的则是采药人一般的平和与顺从。

从这个意义上来说，海边图书馆与阿丽拉糖舍酒店仍然传达了一种共通性：建筑最终是人的建筑。

注释：

[1] 海边图书馆的设计开始于 2014 年 3 月，而糖舍酒店的设计开始于 2013 年 8 月。

[2] 阿道夫·卢斯认为农民与工程的无意识工作中，能够产生符合他们所属的时代的作品，因此是和谐的。但建筑师刻意塑造的风格与样式则脱离了时代源泉，因此无法与景观和谐。参见阿道夫·卢斯. 装饰与罪恶：尽管如此 1900-1930[M]. 熊庠楠，梁楹成，译. 武汉：华中科技大学出版社，2018: 80,81.

[3] 关于斯卡帕在坎格兰德骑马像区域中对各种缝隙的利用，参见青锋. 经由希腊来到威尼斯的拜占庭人——卡洛·斯卡帕与维罗纳古堡博物馆 [J]. 装饰，2018 (8): 24.

[4] 参见 Sanabria S L. From Gothic to Renaissance Stereotomy: The Design Methods of Philibert de l'Orme and Alonso de Vandelvira[J]. Technology and Culture, 1989 (2).

[5] 关于 17 世纪知识分子加入共济会成为"思辨"成员的讨论参见 Rykwert J. The First Moderns: The Architects of the Eighteenth Century[M]. London: MIT Press, 1980: 134, 211.

[6] 参见 Plato, Cooper J M, Hutchinson D S. Complete Works[M]. Cambridge: Hackett, 1997: 446.

[7] 参见 Pérez-Gómez A. Architecture and the Crisis of Modern Science[M]. London: MIT Press, 1983: 4,5.

[8] 关于小桥的建构细节，参见青锋. 视觉逻辑的呈现——对卡洛·斯卡帕的奎里尼·斯坦帕尼亚基金会小桥扶手的设计解读 [J]. 世界建筑，2018 (09).

[9] 调研成果以展览形式呈现为"桥于土地：桂林地区传统步行桥展览"，清华大学建筑学院新馆一层展厅，2018 年 9 月 17 日 -23 日。

[10] 关于斯卡帕设计思想的讨论参见青锋. 经由希腊来到威尼斯的拜占庭人——卡洛·斯卡帕与维罗纳古堡博物馆 [J]. 装饰，2018 (8).

[11] 参见 Dal Co F, Mazzariol G, Scarpa C. Carlo Scarpa: the complete works[M]. Milan: Electa; London: Architectural Press, 1986: 196.

[12] 参见 Heidegger M. The Question Concerning Technology[M]. Harper & Row, 1977: 6-14.

参考文献：

1 Behne A. The Modern Functional Building[M]. Calif.: Getty Research Institute for the History of Art and the Humanities, 1996: 135.

2 Harrison C, Wood P. Art in theory, 1900-2000: an Anthology of changing ideas[M]. Oxford: Blackwell Publishers, 2003: 240.

3 Cooper D E. The Measure of Things: Humanism, Humility, and Mystery[M]. Oxford: Oxford University Press, 2002: 172.

4 Ibid.

5 Corbusier L, Etchells F. Towards a New Architecture [M]. Oxford: Architectural Press, 1987: 289.

6 Harries K. The Ethical Function of Architecture[M].

London: MIT Press, 1997: 187.

7 Aalto A, Schildt G. Alvar Aalto in his own Words[M]. New York: Rizzoli, 1998: 55.

8 Ibid.

9 Rispa R. Barragán: The Complete Works[M]. London: Princeton Architectural Press, 1996: 34.

10 Ibid.

11 Ibid.

12 Young J. Nietzsche's Philosophy of Art[M]. Cambridge: Cambridge University Press, 1992: 86.

13 Blumenberg H. The Genesis of the Copernican World[M]. London: MIT, 1987: 13.

14 Ibid.

墙后絮语

——关于台州当代美术馆的讨论

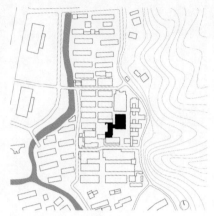

图1 总平面，大舍提供

五月末的一个下午，我站在台州当代美术馆书店的外廊下躲雨。因为不是周末，美术馆前的广场上空无一人。一些雨滴已经开始落到灰色的水泥地面之上，还没有留下任何印迹。突然，一个五六岁的小女孩骑着自行车从一旁的小巷中窜了出来。她以"很快"的速度踩着脚蹬，在空旷的广场上转了两个大圈，又突然消失在小巷中。

这个独特的场景让我想起乔治·德·基里科1914年的名画《一条街道的神秘与忧伤》中那个滚铁环的小女孩。虽然没有强烈的光线与深重的阴影，但是类似的空旷，类似的孩子，类似的连拱以及类似的凝滞，描绘出类似的"神秘与忧伤"。我似乎有些明白柳亦春为何要反复引用德里达的那段话了："当充满活力和意义的内容处于中性状态时，结构的形象和设计就显得更加清晰，这有点像在自然或人为灾害的破坏下，城市的建筑遭到遗弃且只剩下骨架一样。人们并不会轻易地忘记这种再也无人居住的城市，因为其中所萦绕的意义和文化使她免于回归自然"[1]。我们需要一条纽带将来自上海的建筑师与来自法国的哲学家联系起来，这个突然出现的小女孩提供了帮助。

彼得·艾森曼在给阿尔多·罗西的《城市建筑学》英文版前言中首先引用了这段话。但是在罗西的另外一本书《一部科学的自传》中，我们可以看到作者与德里达更直接的共鸣。在解释摩德纳圣卡塔尔多公墓的设计时，罗西写道："建筑成了被遗弃的房屋，在那里生活停止了，工作被悬置，这个机构本身变得不确定"[2]。以及，"这个公墓设计的中心理念可能是我的一种意识，属于死者的物品、物体与建筑与活人所使用的并没有什么不同。我提到了罗马烘焙师之墓，一个被废弃的工厂，以及空的住宅；我还将死亡理解为'不再有人在那里居住'，因此是一种遗憾，因为我们并不知道我们与这个人有什么联系，但我们仍然在以某种方式寻找他"[3]。不仅仅是内容上，在气质与氛围上，罗西的话与德里达的话都有密切的相似性。

图2 美术馆前广场，田方方摄，大舍提供

在另一方面，罗西的早期绘画与德·基里科形而上学绘画之间的平行性也早已为人熟知。圣卡塔尔多公墓仿佛是德·基里科意大利广场系列作品的直接建筑呈现。罗西用建筑而不是图像展现出停滞、忧伤、失落与神秘。这些之前散乱的线索，被那个骑自行车的小女孩奇妙地串联在一起。如果不是身临其境，很难想象会在浙江台州一座新近完成的建筑前获得这样的感受。这或许就是建筑奇妙的地方。自然而然地，我们想要继续追问，这些画家、哲学家、建筑师所关注的是什么东西？它给予建筑什么样的内涵？它与柳亦春以及与他一起工作的建筑师们的思想与设计有什么关联？以及这种东西何以能给我们带来深深的触动？

广场

如果不是建筑师设计的美术馆及其广场，我可能不会将骑自行车的小女孩与滚铁环的小女孩等同起来。建筑师的介入，让这种联想变得必然，这是因为他们的的确确塑造了一个典型的意大利广场。美术馆所在地原来是一片整齐的行列式仓库，现在被转化成了文创园区。通过拆除其中两栋谷仓得到了一片不足2000平方米的L形空地。建筑师将S形的建筑体量置入场地之中，围合出一个完整的前部广场与尺度较小的后院（图1）。分割广场与后院的，是架在一层书店之上的混凝土台阶。就像希腊的露天剧场一样，它提示出广场的公共意义。边界的完整、巷道的狭窄、低矮的尺度、双坡顶的仓库建筑原型，以及为公共表演所准备的台阶，都让这个广场拥有了城邦广场的特色。这一特色从希腊、罗马传递下来，散布于意大利众多历史城市的广场之中（图2）。

围合广场是一个至关重要的决定。建筑师在平行性的匀质肌理中创造出了一个中心性的公共空间。开放的广场立刻成为整片园区的空间与社会活动中心，而美术馆主体则站立在广场一侧。建筑的

图3 从街巷看尽端的美术馆立面，田方方摄，大舍提供

立面成为整个广场的背景，这是无数意大利广场上教堂及其恢宏的立面所扮演的角色。只是在这里，对神的敬仰被替换成了对艺术的尊重。在谷仓的巷道中穿行，会时不时地从某个缝隙中看到美术馆高耸的体量。最强烈的是从旁边街道转入通向广场的南侧巷道时，美术馆立面会赫然出现在广场尽端（图3）。连续的混凝土曲面展现出强硬而拙朴的竖向性，一种并无明确指向的纪念性袒露无遗。这种狭小与宏大的对比，是意大利历史城市中常见的戏剧性场景。建筑师将它移植到了台州的谷仓之中，让这片工业性领域具有了城市化的历史性。大舍早先的作品，曾经因为对传统江南园林的空间转译而闻名，意大利广场的出现只是从一个侧面印证了他们关注点的转变，以及实践语汇的显著扩展。

从罗伯特·亚当到路易·康，意大利影响各国建筑师的案例并不鲜见，只是在中国还并不明显。柳亦春是一个特例。龙美术馆的伞形结构让他觉察到了拱的意向，哈德良离宫的残垣断壁帮助他肯定了结构要素的人文内涵："在我打算离开哈德良离宫的时候，望着远处那一片矗立着的饱经侵蚀却仍然包含着穹顶根部弧线的厚墙，不禁一阵伤感，这些古典的荣光已经破碎，却从未远离"[4]。这段话可以被看作是对德里达和罗西类似话语的再次重申。这似乎可以说明为何在台州会出现一个意大利广场，以及承载了罗马的光荣、衰落以及重生的拱为何会成为美术馆最独特的要素。从这个角度看来，台州当代美术馆可以算作是龙美术馆的延展，一条意大利线索串联起两个建筑。但区别也是明显的，如果说龙美术馆更接近于哈德良离宫的罗马废墟，那么台州当代美术馆则更接近于900年后开始兴起的罗马风建筑。

罗马风

对于建筑史研究者来说，很难避免将台州当代美术馆的广场立面与罗马风建筑联系起来。最直接的桥梁来自于凸显在立面左上侧的连拱。不同于古罗马大跨度的圆拱，连续的小跨拱券是罗马风建筑的识别性标志之一。作为一种局部强化的支撑结构，它广泛出现在图尔尼圣菲利贝尔教堂（Tournus, Saint-Philibert）等建筑的外墙上。虽然没有古罗马拱的宏大与独立，这些小尺度的连续拱券是当时罗马风建筑中复杂的拱券支撑与辅助体系的一部分，它们承载了罗马风建筑结构体系中最精妙的成分[1]。没有理由推测柳亦春心目中有任何罗马风建筑作为原型，他很可能只是想摸索一种匀质的连续拱顶结构。但是这种元素实在过于独特，一种历史的厚重感已经不可避免地被注入建筑之中。

建筑师对连拱的倚重在广场立面上已经显露无余。他将大面的立面墙体塑造成竖立的连续拱顶，直面广场。这当然是罗马风建筑中并未有过的元素，我也不曾在其他任何地方看到过这样的处理。如果站近了观察，这些曲面让你想起的并不是 11 世纪的教堂，而是公元前 6 世纪的多立克神庙。曲面的直径与多立克巨柱相仿，模板留下的竖条纹路则呼应着柱身上的凹槽。根据一种推测，希腊石柱的凹槽就起源于加工木柱的砍切，它们与混凝模板的印记一样都是建造所留下的痕迹。虽然曲面是内凹的，但尺度和肌理都让美术馆立面上的并列曲面更像是一排多立克巨柱留下的印记（图 4）。柳亦春曾经写道，佩雷在巴黎市政博物馆中就利用类似的手法，让混凝土柱子唤起多立克柱式的联想："佩雷把新技术的结构支撑转变为传统建筑文化的携带者，但他的做法并不是模仿"[5]。这也适用于这座美术馆罗马风特色的分析，通过一种非模仿的方式，建筑师利用了结构支撑技术与传统建筑文化的密切联系。至于是采用混凝土还是呼应罗马风反而不是那么重要，它们只是一种普遍设计方法的具体特例。

图 4　美术馆立面，田方方摄，大舍提供

除了连拱以外，美术馆主体的封闭与厚重也是罗马风特色的体现。除了底层面向广场的大面玻璃以外，整个建筑主体开窗极为稀少。仅有的几个开口也都是贴近顶面的天窗，让人无法直接看到展厅内部。建筑师将主要的开口都布置在建筑体量变化的界线之上，从而回避了开窗的概念。你会认为这些开口是对整体体量进行切削所留下的缝隙，它们丝毫不能动摇整个混凝土体量的坚硬与沉重。虽然有一些明显的退后与对位处理，这个建筑并不会鼓励你去按照科林·罗所描述的方式去获得一种现象性的透明阐释。你无法穿透混凝土实体去构建出叠合的层面，它更像是一个顽强抗拒的实心体。人们试图破坏和穿透它，但除了留下一些凹陷与缝隙之外，徒劳无功。以一种坚定的拒绝，建筑维护了自己的神秘性。这实际上也是拜占庭建筑与罗马风建筑以封闭体量营造宗教感的方法。

密实的墙体与窄小的开窗在创造封闭性的同时，也带来内部空间的完整。19 世纪末的理论先驱们由此在罗马风建筑中看到了空间观念的早期呈现，最典型的案例是贝尔拉赫的阿姆斯特丹交易所。这位荷兰建筑师认为罗马风的连续墙体是塑造空间的基本要素，外部的封闭是为了获得室内空间的完整。很可能是类似的逻辑驱动了台州当代美术馆的设计。混凝土墙的封闭更有可能是为了内部展厅的完整和隐蔽，而不是对罗马风风格的直接借鉴。我们只有进入到美术馆内部，才能更真切地感受到这种封闭所带来的特殊体验。

入口与纪念性

美术馆主体与一旁书店和公共台阶的巨大差异性，会让人觉得这是被一段连廊联系在一起的两个建筑。似乎那个有着罗马风特色的混凝土体量早已建成，书店只是后加上去的附着物。为了维护

"历史"主体的完整性，入口被设置在不起眼的连廊之中。这种谦逊的做法在改建和扩建项目中并不少见。卡洛·斯卡帕在改造古堡博物馆时就将入口从哥特立面的正中移到了转角处，台州当代美术馆与此如出一辙。另一个具有启发性的例子是路易·康的成名作耶鲁大学美术馆的加建。康也将入口设置在了新老建筑连廊的一旁，让人从侧面而不是正面进入新加建的场馆，然后才能转向进入老馆。

对入口的讨论，让我注意到康的作品与台州当代美术馆一些更有趣的联系。虽然耶鲁校园建筑的主体是哥特风格的，但老美术馆主体却是一个混杂了哥特与罗马风要素，但明显后者更为强烈的建筑。它的建筑师埃格顿·斯瓦特伍德（Egerton Swartwout）参考了佛罗伦萨巴杰罗宫（Palazzo del Bargello）的设计，将大面积封闭实墙与小跨连拱等典型罗马风元素直接呈现在建筑立面之上。康的新加建部分外观极为朴素，安静地退让在这座罗马风建筑一旁。在台州，柳亦春同样是让一个"罗马风"建筑成为焦点，人们只能悄然地从侧面进入这个宏大的"历史"建筑。

自龙美术馆之后，大舍的作品与康的关联已经变得非常清晰。他们近年来对结构、材料以及意义的强调都可以在康的作品中找到共鸣。龙美术馆的伞形结构被认为是典型的路易·康式的建筑要素，它有清晰的结构逻辑，诚实的材料表现，以及妥善的对服务与被服务空间的安排。但是在另一个方面，龙美术馆却与康完全不同。康一直强调房间的完整性，决不允许随意穿透房间有形或无形的边界，这是他古典秩序理念的一种体现。而龙美术馆的平面设置则是基于风格派的流动空间，灵活布局的独立墙体拒绝了房间的稳定性。这种差异实际上来源于龙美术馆已有的 8.4 米柱网。在柳亦春接手之前，这个柱网体系已经建成，他只能在此基础之上进行改造。就像科林·罗所指出的，现代主义格网体系的匀质与中立在根本上拒绝了中心性与等级化差异[2]。因此，龙美

图 5　美术馆的纪念性，田方方摄，大舍提供

术馆基于 8.4 米柱网体系的流动空间，自然也与康对集中式房间的兴趣相去甚远。

不过，台州当代美术馆的情况有所不同。这是一个限制很少的全新建筑，不存在格网的束缚。更重要的是，柳亦春的总体设计原本就是在一个相对匀质的行列式建筑群中创造一个中心，要在重复之中创造等级差异，空间与视线的焦点最终将汇聚在一个集中性的建筑上。在这一点上，台州当代美术馆与龙美术馆完全相反。这种差异也直接体现在两个建筑迥异的外观上。龙美术馆的伞形结构基于柱网体系，它可以不断均匀伸展，所以龙美术馆的外立面就像是在这套体系中剖出的一个切面，展现了以柱网为基础的结构体系的延展逻辑，但并不凸显任何特意的设计意图。这种设计操作更接近于彼得·艾森曼的"概念性"建筑。台州美术馆没有任何延展的提示，厚重的墙体明确地定义出无法穿透的边界，无论是在体量、材质还是肌理上，美术馆都突出了自己的独立性，这是一个封闭而强硬的建筑，它体现了康所注重的纪念性（图 5）。

房间

在美术馆内部，房间的概念是主导性的。这个建筑的内部空间组织实际上非常简单。两组两两相对的楼梯定义出一个十字形的交通体系，进而从中心将长方形平面划分为面积相近的 4 个房间。这些房间除了一个是用作仓库与后勤之外，其余的都是完整的展厅。这种将交通放在中间，两旁是展厅的布局也是耶鲁大学美术馆加建部分所采用的。它是康的"服务与被服务"理念的早期呈现。通过给予服务设施充分的空间与尊重，康避免了它们对他所钟爱的房间的干扰。同样，台州美术馆占据了建筑的四角，每个展厅都获得了平直的边界与完整的墙面，进入展厅就是进入一个封闭的房间，而不会像龙美术馆一样给你留下穿行的印象。

在房间的组织排布上，柳亦春回避了耶鲁美术馆过于强烈的古典性。实际上，如果不是看到平面，你很难意识到这两个美术馆之间的相似性。这是因为柳亦春引入了一系列新的要素，冲击了"服务与被服务"清晰划分所带来的秩序感。其中之一是楼梯的错动，4部楼梯虽然相对，但并不完全对齐，风车状的交通体系不会带来十字架的僵直。更为关键的，是房间高度的错动。虽然9个展厅层叠在4角，看似简单，但是这些展厅有1层高和2层高两种。在东北角与西南角从下到上层叠了1层高、2层高、1层高的三个房间，在西北角与东南角则是层叠了两个2层高的房间。这种排布的规律并不复杂，但是给初次来访者带来的观感却犹如迷宫一般。这是因为，在每一层都会同时看到1层高与2层高的展厅，参观者会迷惑到底哪个展厅的顶面才是另一层。尤其是在二层与三层，4角都是2层高的展厅，但是其中两个向下伸展，另外两个向上伸展，在上下的拉扯之中，参观者甚至无法确定自己到底在哪一层。实际上，层的概念在这个按照"空间规划"的方法堆叠而成的建筑物当中几乎失效了。参观者缺乏一个参照体系来定义不同的层，他会很容易地被一个又一个不同层高的展厅所迷惑，除了走向下一个展厅外，对于此行从何而来以及参观将终于何处都缺乏明确地认知。这是典型的迷宫式体验，它极大地增强了这个建筑的复杂性，让这个并不大的美术馆变得难以揣测。

这的确是一个由房间构成的建筑，但它不是康所说的那种有着明确序列的理性体系，而更像是在克里特岛米诺斯遗址或者是欧洲中世纪城市那样充满偶然与不确定的混杂体系。像笛卡尔与勒·柯布西耶这样的理性主义者会坚持要用清晰几何秩序抹除这样的复杂与迷惑。而勒·杜克这样的结构理性主义者也以基于同样的理由，认为哥特的统一结构体系要优于罗马风的混杂与笨拙。但是，这些判断都是以理性主义为前提的，从不同的前提出发，我们对罗马风，对中世纪城市，对古代遗址就会有不同的判断。比如勒·柯布西耶的朗香教堂就被费雷神父（Abbé Ferry）称赞为体现了罗马风的神秘性。那么柳亦春的"罗马风"美术馆也可以被视为一个反思性的作品，他拒绝了常见的理性主义视角，引导我们重新审视厚重、含混、迷惑与粗陋。

游走

在美术馆中游走的体验非常丰富。从连廊进入第一个展厅，会立刻被顶面连续的圆拱所吸引。强烈的方向感把目光引向面朝广场的大幅落地玻璃窗，景框效果让整个广场变成了舞台（图6）。展厅与广场之间的互动，让人想起朗香教堂里那个放置圣母像的玻璃窗。内外两个布道坛从玻璃窗中平等地分享圣像的光辉，这两个窗都是双向的窗。

充沛的单向光线在拱顶上留下鲜明的褪晕，它提示出空间的深度。一根柱子矗立在展厅的角落，让人怀疑这是否是对筱原一男白之家的暗示。柳亦春曾经分析过那个案例 [3]，不过在这里，厚重的拱顶让柱子结构特性变得很不真实。在空间序列上，柱子提示了前后区别。跨过柱子之后，封闭与含混就将取代入口展厅的开放与明晰。人们随后看到的两个底层展厅都是两层高的，7 米的层高非常适合当代艺术展览。两个展厅同样以连续拱顶覆盖，展厅宽度分别是 4 跨与 5 跨拱顶。精确的模度强化了房间的整体性。开窗被限制在两条高侧窗中，屋檐下冷色的光线渗入室内，但是很快消失在庞大的房间之中。这显然是确定无疑的罗马风特色，只有来自天空的神圣光线可以被接受，任何世俗的视线都应当被隔绝。台州美术馆与宗教并无直接联系，但是建筑师仍然可以用隐喻性的手法来强调日常与超验的区别。

就像前面所说的，一旦上到二层与三层，人们的空间感就被变异的房间层高所打破。这两层的展

248

图6 从底层展厅看向广场，田方方摄，大舍提供

厅都是 6.8 米层高，有的有长条高侧窗，有的完全封闭，有的则只留下了拱顶下的月牙形窗洞来渗入光线。这些变化给展厅带来一些微妙的不同。完全封闭的房间令人压抑，而二层南侧展厅的拱顶则穿过侧窗延续到外部立面上，与广场立面上的竖向曲面平整相接，这会让人设想一种脱离和释放。

所有的结构墙面与顶面都是粗糙的素混凝土浇筑。为了展览需要，建筑师在 4.5 米标高之下安装了白色石膏板墙。这带来了非常有趣的反差。很明显，建筑师并不希望人们将这些白色墙体误认为结构要素，所以它们并没有一直延伸到顶部。展览的墙面与建筑自身的墙面明白无误地区分开来。建筑并没有掩饰自己的强硬来迎合展示，展示也没有塑造假象伪装纯净（图7）。这让人想起斯卡帕在阿巴特里斯宫（Palazzo Abatellis）美术馆中的处理。他为特定的展品设计了局部的灰泥墙面背景。台州美术馆里的石膏板墙并不具备斯卡帕依赖意大利灰泥匠人所获得细腻与沉着，但也是对展陈意图的诚实表达。在石膏板与混凝土墙交接的地方，直接的碰撞也会让人再次以为这是一个旧建筑改造之后的结果。

尽管弄不太清楚自己身处何处，参观者很快就能发现层高错动的好处。当他在十字形交通廊道中走动时，不仅可以看到对角同层的展厅，也可以看到另两个角上位于下层的展厅。在走过了一段路径之后，他会发现自己的视线从另一个角度又回到了之前离开的展厅，而那些展品也随之呈现出不同的景象。斯卡帕在阿巴特里斯宫美术馆中专门为名为《死亡的胜利》（The Triumph of Death）的巨幅壁画设计了往复的观看方式。台州当代美术馆将这种视线交错赋予了绝大多数展厅，它明显会进一步增强观众的迷失感，但同时也让观展变得更有趣味。

图 7　铺有石膏板展墙的展厅，田方方摄，大舍提供

游走的迷惑最终将在第四层结束，这里的两个展厅都是 1 层的。拱顶从南北向变成了东西向，单个的跨度增加了一倍。曲面更为和缓，让人感到一种疏解。西南角的四层展厅虽然面向广场，但是没有开洞，光线依旧从拱顶下的月形窗中渗入。这种吝啬很可能是为东北角的最后一个展厅做铺垫的。在这里，整个完整展厅的东面墙体被彻底去除了。玻璃墙从拱顶底面一直落到了地面之上。目光顺着拱顶的方向延伸到落地窗之外，一副翠绿的山景展现在面前（图 8）。这个场景极富戏剧性，建筑师挑衅了我们的结构常识。在常规理解中，拱和拱顶都需要在起拱点提供强有力的支撑，这里要么是柱子，要么是墙，或者至少是一道梁来承受主要的荷载。比如在一层展厅中，因为拱顶结束于一道暗示了横贯梁的墙体，所以即使下方是落地窗也不觉得反常。但是在四层的东北展厅，没有柱、没有墙，也没有作为结束的竖直墙体，拱顶直接延伸出去，在空中留下 4 个悬浮的月形曲线。一个传统的砌筑式拱顶是不可能这样建造的，危险感会强化人们对突然展现在眼前的翠绿山景的反应。4 个拱顶仿佛 4 个悬挂的画框，以 4 个拼接为整体的图像来作为美术馆最后的展品。

通过一个一个房间，建筑师给予游览路线清晰的叙事性。入口是谦逊的准备，一层展厅提供了对广场的回眸，仿佛是某种离别；随后人们迷失在一个又一个展厅的交错之中，严格的封闭性否定了任何离散的可能；最后，在偏远的东北角，路线的终端是一个完全开放的露台，给予人某种释放，但人们所直面的不再是广场的人烟，而是远处平静的青山。不同的人可以对这些情节做出不同的诠释，但建筑师让人们体验这个序列的抑扬顿挫，并且触发切身回应的意图是不言而喻的。他的建筑成为一个脚本，你可以自己根据它的节奏去填充内容，这些静默的结构成为意义与内涵的承载物，用柳亦春所惯用的概念来说，它成了"架构"。

图8 看向山景的顶层展厅，田方方摄，大舍提供

架构

"架构"是柳亦春近年来一系列文章中着重强调的概念，也是剖析他最近一系列作品的主要线索。这些作品形态语汇差异很大，但都注重了对结构要素的独特处理，这也让柳亦春在当代中国建筑师中获得了非常明晰的身份特征。不过，用结构探索来描述他的近期创作显然是片面的，这是因为他所看重的架构并不等同于结构。它实际上是柳亦春从坂本一成的论述中引申而来的："坂本一成认为'架构 = 结构 + 场所'"[6]，这是柳亦春给予的最简单的解释。这里的结构是常识性的概念，是指保证了建筑坚固性的受力结构，它所关心的重点是效能。架构的不同之处在于，除了有结构效能之外，还应该包含对场所的反应。这看起来有些模糊，毕竟场所的概念并不明晰，需要进一步的分解剖析。所谓场所，其实直指特定的地点，之所以是特定的，是因为它有不同于其他地点的要素，这可以是特殊的形态，特殊的氛围，特殊的活动，以及特殊的历史。这些特殊性让人们对特定的场所产生特定的感受，他可以体验到特定的情绪，如果进行细致地分析，他有可能剖析出这些情绪所指向的特定意义。这实际上也是海德格尔强调的，场所与空间的不同，一个场所（place）是对我们有意义的，而空间（space）则是剥离了意义之后的抽象产物。基于现象学的埋论立场，他认为场所实际上是更为本质的，而空间则是被简化之后的派生物[4]。所以，在这个逻辑之下，我们可以把"架构 = 结构 + 场所"改写为"架构 = 结构 + 意义"。结构的数学计算抛弃了除去效能之外的其他意义，而架构则试图将其他的意义与结构融合在一起。场所当然是意义的重要源泉，但并不是唯一源泉，比如想象与回忆就不一定要依附于一个特定场所。

这种解释或许不算是对柳亦春的曲解，他在《架构的意义——龙美术馆的设计思考》中明确地写道："由此我们可以认识到，建筑的架构概念，是建筑构筑技术的重要方面，在这个基础上去理解建筑的物质性，实际上也就是意味着在作为概念的建筑中，具有本质价值的'架构'是重要的，这是建筑之所以能'站立'以及构筑为'物'的骨骼。而另一方面，由于物本身必然携带着意义的特性，架构也同时会承担着建筑的象征性和文化性的侧面，比如我们看到木桁架会联想到仓库，钢桁架多联想到工厂，看到某种拱又会联想到罗马，等等。谨慎介入场地的架构及其覆盖，或将以其介入的方式以及架构本身共同形成特定空间的意义"[7]。在架构概念的引导下，柳亦春一方面进行了"结构"探索，以不同寻常的方式让建筑"站立"起来，另一方面也进行了"意义"注入，让这些结构要素与特定的文化内涵产生关联。最典型的例子当然是龙美术馆的伞形单元，这是一个显著的结构要素，也因为与拱的文化联系给予美术馆独特的气质。例园茶室是另一个案例，它的架构由悬挂式的方钢结构体系以及场地条件与饮茶休憩活动的共同作用来构成。

从这个角度看，架构的概念与建构的概念有相通之处。弗兰姆普顿也将建构分解为"本体性"（ontological）的与"表现性"（representational）两个成分。本体大致对应于结构，而表现则指向意义的呈现。虽然内容相近，但相比起来，建构的概念范畴要小一些，它主要指代节点而不是整个结构。此外"表现"的概念也过于单一，因为有时候并不是一个已经确定的意义需要被表达，而是需要激发人们去自主地发现和阐释意义。在这两点上，"架构 = 结构 + 意义"的表述都更为灵活和全面。

建筑师们可能更为关心具体如何通过结构的操作来为意义提供空间，它与日常所采用的结构有什么样的不同？对此柳亦春也有清楚的阐释，他对架构的理论讨论最早出现在《像鸟儿那样轻》一文之中。但他感兴趣的并不是如何让建筑变得更轻这个结果，而是"去重"这个操作。在后来的一篇章中他写道："作为一个观察的结果，《像鸟儿那样轻》一文显示了我对建筑设计中'去重'

的兴趣，这种'去重'现在看来首先是对建筑中习惯性的文化意义的剥离，结构的位置在这种剥离中显现，这虽然暗示着对建筑'固有性'与'本质论'的贼心不死，建筑中新的意义却反而有了趁隙而入的可能"[8]。严格地说，真正关键的是"去"而不是"重"，通过去除某些东西，可以剥离建筑中习惯性的文化意义，让我们不再按照惯常的方式去理解建筑，这时，结构会以新的视角呈现出来，从而让"新的意义""有了乘隙而入的可能。"这个观点也出现在柳亦春对佛光寺的分析中。他认为《营造法式》中分列了"殿堂""厅堂"与"余屋"三种类型，传统分析方式格外关注殿堂与厅堂的结构体系。但如果只是依据结构理性主义的"习惯性"看法，将注意力完全聚焦于斗栱的真实性这些方面上的话，可能会忽视其他一些同样重要的要素，比如选址、台基、柱梁以及屋盖。因此，他提出用"𠆢中口"作为更完整的概念模型来解析历史建筑。从这个角度看，余屋因为结构更简单，也"去除"了斗栱这种惯常性的元素，让人避免了"习惯性的文化意义"的强烈影响，反而可以让以往被忽视的要素浮现出来。"余屋的不用铺作的'柱梁作'，也可以视作是高等级的大木作结构意义减除后的结果，如此，余屋的简朴或可以成为对'𠆢中口'三要素朴素构成的一种回归与检视"[9]。所以，柳亦春所采用的方式，是去除那些容易产生习惯性解释的内容，让结构获得某种反常性，并且利用这种反常性去激发对更为本质的"意义"的阐释。

这似乎可以解释，柳亦春为何会如此痴迷于结构的摸索。他并不是作为一个结构师在探索材料受力的极限，而是作为一个建筑师在不断挖掘结构承载意义的可能性。他试图将这些成果传递给普通人，就需要在一定程度上脱离惯常语境，首先让人意识到结构的特殊性，进而去反思它所带来的意义启示。从龙美术馆到例园茶室，再到大舍西岸工作室与花草亭，柳亦春一直在沿着同一条道路前行。在台州当代美术馆，这一设计策略得到了新的阐发。

如果宽泛一点，我们可以将台州当代美术馆的广场格局与展厅组织都纳入架构的概念，因为它们都基于某种实用性的排布，同时创造出极为特殊的场所意义。但为了讨论更为准确，我们还是聚焦于结构性的要素，台州美术馆给人印象最为强烈的显然是它的连续拱顶。柳亦春告诉我，这个元素的选择直接受到了龙美术馆的影响，他被伞形架构在结构与意义上的双重内涵所吸引，希望利用这个新的机会展开进一步地挖掘。

经过自苏美尔人以来数千年的积淀，筒形拱顶已经成为典型的架构性元素，它是一种独特的结构模式，也是建筑文明进程的承载物。尤其是在古罗马，这种之前相对低调的建筑元素一跃成为罗马人构筑复杂结构体系，营造宏大纪念氛围的有力工具。作为杰出结构效能与辉煌古典文化的结合体，筒形拱顶被此后的拜占庭、罗马风、文艺复兴乃至新古典主义建筑不断沿用。它也是我们会在台州美术馆的广场上感受到浓重的意大利历史氛围的原因之一。

拱顶的这种历史积淀是一把双刃剑。一方面它为建筑师提供了现成的架构元素，另一方面它也被赋予了明确"惯常性"理解，为了让新的意义得以渗入，柳亦春必须进行"去重"的操作，同时在结构与意义的层面剥离过于固化的传统观点。这两点都是通过连续拱顶的设计来实现的。在结构层面，拱顶的传统特性是其连续性以及厚重感，因此需要在两个侧面以厚墙或者连拱来支撑。此外，为了减少侧推力，拱顶大多是半圆形。因为拱顶侧边无法采光，拱顶下的空间难以利用。所以，在空间利用与光线引入上，筒形拱顶都不是很有利。在罗马建筑中它常常被用于过道，比如大斗兽场，或者是纪念性的中心空间，比如卡拉卡拉大浴场。因为有这些效能上的局限，建筑史上的结构理性主义者们往往认为，大量使用筒形拱顶的罗马风建筑，相比于此后出现的哥特建筑，是一种陈旧而缺乏理性控制的结构模式。比如卡达尔法赫（Puig i Cadafalch）声称罗马风建

图 9　连续的拱顶，田方方摄，大舍提供

造者们"按照盲目与无意识的方式建造……因为他们缺乏对于稳固性与应力的机械理性计算"[10]。

柳亦春的连续拱顶在很多方面挑战了这些传统看法。最直观的，他的拱顶并不显得重。除了顶层以外，每个拱顶的跨度仅有 1.8 米，较小的尺度会带来一种轻盈感。更突出的是，除了两侧墙之外，这些拱顶的交接处没有任何支撑，一条连续的灯带甚至抗拒了对梁的设想。非专业的参观者很难理解这些拱顶是以什么方式支撑的，整个连续拱顶仿佛悬浮在空中。这与传统筒形拱顶的沉重与封闭形成巨大的反差。连续拱顶的这些特征告知我们，这并不是传统意义的筒形拱顶，而是混凝土梁板体系的变形。像龙美术馆的伞形架构一样，柳亦春在拱顶交接处设置了线缆管道，但这些技术手段并不足以解释柳亦春的意图，他显然希望利用我们对拱顶的常识来创造惊异。这是去除"惯常性"的一种方式。

在另一方面，这种"不合理"的拱顶的确也解决了一些问题。较低的起拱避免了占据过多的层高，提高了空间的使用效率。其次，没有中部支撑的连续拱顶也避免了墙或者柱对空间的分割，整个拱顶变成一片匀质的覆盖（图 9）。你不会像在金贝尔美术馆那样将一个拱顶视为一个房间的边界，而是会认为几个连续拱顶精确地覆盖了一个被拱顶模数所控制的展厅。实际上，这种连续小幅拱顶的使用并不是没有先例，它曾经出现在 18 世纪末期英国的工厂建筑中。在现代混凝土大规模使用之前，这些工厂用砖砌的连续拱顶来形成支撑性的顶面，拱顶侧边落在侧梁之上，而梁则被铸铁柱所支撑。这样的设计既利用了拱顶的强度，也通过减小重量与立柱数量来获得连续开敞的生产空间。柳亦春的展厅也希望获得一个匀质的开放空间，与 18 世纪的工厂不同的是，后者仅仅将连续拱顶视为结构，而前者则将其视为具有文化内涵的架构。

255

图 10　拱顶覆盖的交通廊道，田方方摄，大舍提供

在意义层面的"去重"主要是通过避免强烈的宗教联想来实现的。如果说18世纪的工厂延续了大斗兽场中筒形拱顶廊道的力学效能，那么11世纪的罗马风教堂则是延续了卡拉卡拉浴场的宏大与庄重。从典型的拜占庭小教堂中，筒形拱顶被重新引入西欧，首先是在早期罗马风的小型宗教建筑中使用，直到11世纪的盛期罗马风建筑中，它才转化为一种宏大的宗教建筑主题。许多盛期罗马风教堂的中厅都被完整的筒形拱顶所覆盖，虽然随后被哥特建筑的交叉肋拱所替代，但是在文艺复兴时期又再次回到阿尔伯蒂的曼图阿圣安德烈亚（Mantua，Sant'Andrea）教堂等项目中。普通人对筒形拱顶的认知，更多是来自于这些仍然站立的教堂，拱顶的集中性与圣坛的中心性都在渲染信仰的神圣与纯粹。

设计龙美术馆时，柳亦春曾经考虑过使用完整拱顶，恰恰是对于集中性的顾虑让他放弃了这个想法，转向更为灵活和发散，也更符合柱网匀质特性的伞形结构。台州美术馆的连续拱顶也体现了类似的取向。虽然相比伞形结构，并列拱顶要严整了许多，也明确限定了展厅的韵律和节奏，但是在一个展厅内部，几跨拱顶都是完全相同的，并不存在等级的差异。此外，除了顶层以外，其余展厅，包括交通廊道上的拱顶也都是统一的1.8米跨度（图10）。统一的尺度抵消了中心性的概念，在美术馆内，你不会觉得哪个空间是最为核心的，也不会在一个房间内找到独一无二的适合放置"圣坛"的焦点。

由此带来的体验是微妙的。拱顶的宗教性不可能完全摆脱，你会不由自主地想象一种超越世俗的崇高性。但同时，不同于有着明确信仰目标的教堂，这里的拱顶并不指向一个特定的空间焦点，使你无法将崇高性定位在一个具体的对象之上。就像几个展厅中高侧窗中渗入的光线，它们明显烘托出一种神秘的氛围，但是并没有其他任何迹象进一步指明这种神秘到底来自何处，又指向何方。通过空间体验的"去重"，柳亦春一方面维护了拱顶元素的"超验"内涵，另一方面也避免这种内涵被固化到一种具体的信仰或者是对象之上。就像他之前强调的，"去重"并不是要极端的去除所有意义，而是要剥离那些为人熟知但也带来限制的"惯常性"看法，从而让其他一些更为重要的东西获得阐释的机会。那么在台州美术馆，这种被给予了机会的意义，会是什么呢？

天使与魔鬼

在结构和意义上，柳亦春通过连续筒形拱顶这个架构元素上的"去重"，实现了去中心化的目的。在结构上，他挑战了我们对这一结构类型的理性化理解与判断，在惊奇与迷惑之中质疑了结构理性主义的独断。他在之前佛光寺的讨论中，已经清晰阐明过这一立场。在意义上，他拒绝了拱顶与传统宗教信仰的直接关联，极力避免在他的建筑中创造另一个可以让人顶礼膜拜的空间。这两方面的拒绝，对理性主义和对具体宗教，都符合德里达对"逻各斯中心主义"（Logocentrism）的批判。在德里达看来，"逻各斯中心主义"的核心在于认为存在一个"超验的所指"可以被话语清晰地表述出来。这个"超验的所指"可以是整个宇宙背后的理性规律，或者是主宰了一切的神，"逻各斯中心主义"的重要性不在于这个所指的具体内容，而是在于认为这个"所指"一定存在，而且可以被清晰阐明，而那些认为自己掌握了这个能力的人，就可以引导（或者压迫）其他不具备这种能力的人。

因为解构建筑展的影响，建筑界通常会将德里达想象得非常激进。但其实在很多方面，德里达在哲学领域甚至不如彼得·艾森曼在建筑领域那么反叛。他更多地引导我们去反思过去被接受的一些前提，并不一定要完全拒绝和抛弃既往的一切。他对"逻各斯中心主义"的批评也是这样。他并没有否认某种"超验"的东西存在，就像在《柏拉图的药》（*Plato's Pharmacy*）中所阐述的，他反对的是那种认为这些"超验"的东西可以通过媒介直接呈现的观点，因此他才不断地强调所谓直观的语言并不优于不断"延异"的文本。

"去重"也类似。台州美术馆的连续拱顶并不是拒绝理性或者是摒弃宗教性的体验，而是要避免结构理性主义与具体的宗教模式这些已经被固化的"表述"方式。惯常性会让我们误以为这些表述方式是唯一和准确的，但就像德里达所说，实际上并不存在这样的媒介，任何"超验"的内容都必须通过话语的中介，在这个过程中就会产生变化、差异、误解与扩散。这需要我们放弃对"明晰性"的迷信，接受某种程度上的含混、模糊与矛盾，因为这本来就是理念与话语的内在限度，也是人的内在限度。有趣的是，罗马风建筑就曾经被赋予了这样的特色，潘诺夫斯基在《哥特建筑与经院哲学》（*Gothic Architecture and Scholasticism*）中试图论证盛期哥特的结构理性与亚里士多德经院哲学的理性特性之间存在平行性。建筑清晰、统一、可辨的结构体系对应于经验哲学对神所创造的理性世界的系统性阐释。它们都是某种真实本质的直接呈现："就像盛期经院哲学被显现理念（*manifestatio*）所统治，盛期哥特建筑也被——絮热已经观察到——可以被称为'透明性原则'（principle of transparency）的理念所控制"[11]。这个"透明性原则"就相当于德里达所说的"逻各斯中心主义"。与此相反，"前经院哲学将信仰与理性用无法穿透的屏障隔离开来，这就好像罗马风建筑传递着一种无法穿透的决定性空间的印象，无论是在建筑之内还是之外"[12]。罗马风建筑的厚重与封闭与非理性的信仰关联起来，它成为"透明性原则"反面。不过，这还不是全部，潘诺夫斯基继续写到，但是随后的唯名主义再次切断了理性与信仰的关键，随之而来的大厅式哥特教堂也再次回到了与罗马风类似的封闭与不可穿透[5]。

这一讨论使得我们可以在另一个意义上称台州当代美术馆是一个罗马风的建筑。除了那些标志性的建筑元素之外，通过对架构的"去重"，柳亦春提示了一种前现代的，甚至是前哥特时代的模糊与迷惑。这个建筑中显然有其明确和理性的地方，但同样存在的是难以理性解释、也难以给予清晰表述的氛围与情绪。这不仅通过连续拱顶的架构性元素体现，也通过光线、通过空间感受、通过材质表达来体现。这种理性与非理性，明确与不明确的混杂，还戏剧性地体现在整个建筑的施工工艺中。几乎所有参观者都会注意到美术馆清晰地模度体系以及规整的几何秩序。但同时，他们也会被满目所及的施工错误与疏漏所震惊。模板的塌陷、凿掉错误墙体之后的裸露石块、已经被浇筑在拱顶表面的报纸，以及可能是为了修补防水在立面上抹上的一道道水泥。这些地方与我们印象中细腻而精致的大舍作品完全南辕北辙。但柳亦春对此倒是非常坦然。其实，勒·柯布西耶早就给予过完美的解释，在拉图雷特修道院，他坚持保留一扇工人颠倒安装的窗户，因为这真实地体现了"这座神的建筑是由不完美的人建造的"[6]。这时的勒·柯布西耶已经不再是那个纯粹主义时代的勒·柯布西耶了，而是追随场所的声音，试图创造"无法言说"的空间的勒·柯布西耶。"无法言说"与"透明性原则"显然无法并存，他的朗香教堂与拉图雷特修道院都具有典型的厚重与不可穿透的罗马风特色，这与他对人和理性限度的强调不无联系。

类似的，我们也可以将台州当代美术馆整体性的"罗马风"特色，归结为这种比"透明性原则"更为复杂的认知。我们并不否认理性给予我们的力量，以及对于超越我们日常的某些东西的渴望。但同时，理念的限度、话语的限度，以及最终人的限度提示我们，无论是理性主义还是宗教，都不可能准确地呈现我们所希望理解的东西。我们必须接受某种程度的折中，就像帕斯卡尔用诗意的语言所描述的："他既不是天使，也不是魔鬼，而是人"[13]。这是台州美术馆在"去重"之后为我们展现的新的意义图景。除了它的拱顶架构之外，这座建筑的粗糙材质、施工错误、临时补救、空间叙事，以及很多合理与不合理，完善与不完善的地方，都给予我们这样的印象。对于我个人来说，并不是因为帕斯卡尔恰巧说过这句话让建筑有了光环。它之所以触动人，是因为这句话以及这座建筑所展现的姿态，都指向对我们每个人的存在特性更准确的描述，这可能比结构理性主义以及具体的宗教信仰更为重要。

至此，我们可以回答上一节最后提出的问题，台州美术馆为什么样的意义提供了"可乘之机"？我所发现的答案，是关于人的成就与错误，渴望与局限，是对处于天使与野兽之间的"本质"特征的启示。

结语：即物与悬置

我非常赞同柳亦春所说的，在架构理念背后"暗示着对建筑'固有性'与'本质论'的贼心不死。"架构需要意义，意义有很多种，但最重要的意义一定来源于最重要的本质。不过这一诉求的前提是，这种本质应该存在，否则所有的意义可能都会失去根基。依据德里达的分析，否认我们具有直接洞悉本质的能力，并不意味对本质本身的否定。即使无法用清晰的理念与逻辑来给予表述，我们也可以借由我们并没有生活在一个彻底的虚空之中这一现象，来推测那种支撑性的本质一定存在。这也就是海德格尔所说的，我们应该惊叹身边"居然还有一些东西，而不是完全虚无"[14]。这种惊叹带来的将是对本质的敬畏，虽然它对于我们仍然是"不可言说"的。

在架构之后，柳亦春近来更倾向于使用"即物性"这一概念来阐述自己的设计思想。这个词在19世纪末20世纪初德国现代建筑讨论中被赋予的多元内涵，为柳亦春的理论建构提供了充分的空间。将 *sachlichkeit* 与朱熹的"即物穷理"联系起来，进一步将德国哲学传统与东方思想纠缠在一起。这固然给予它更多的理论关联，但也在某种程度上让这个概念发散到难以辨认的程度。不过在柳亦春的其中一些论述中，我们可以看到即物性与架构理念之间的关系。比如他写过："即物性还有一个讨论的前提是要回到基本问题，而回到基本问题也就意味着意义的减除"[15]。以及"即物所包含的两层含义，一是回到基本要素，其次是对真的思辨。所以即物是一种态度，也是一种方法，或者更是一条道路。作为一种态度，就是实事求是，直面现实，这常常会演变为美学，就是欣赏一种简单与朴素。作为一种方法，它是一个思考的过程，所以又并非一般意义的客观，这里包括了对于事物是否存在自主性的思考，因为目的性也是事物存在的重要前提。如果自主性是存在的，那么就一定存在一个还原的过程，然后，恰恰是在我们将事物还原为要素的过程中，事物存在的各种理由在意义的剥离中逐渐显现"[16]。在我看来，在这些话语中，即物性与架构所描述的是类似的事情。通过剥离日常意义，让本质更为明显突显出来。而事物的本质中最重要的成分之一，就是它的目的性，或者说它对我们的价值与意义。当这种目的被"还原"到足以触动人的程度，那也就实现了"即物"。用一种粗糙的概括，我们可以模仿架构，将其描述为"即物 = 物 + 意义"。只是这里的物不是指我们日常理解的实证性物体，而应该是海德格尔在《艺术品的起源》一文中所描述的物：它既包含了对人的价值与意义，也包含还在价值之外，还没有被完全挖掘，或者说被单一的价值利用所掩盖的其他可能性。与其纠缠于世纪之交的先锋艺术讨论，我们或许应该回到 *sachlichkeit* 理念最原本的意思——物性（thingness），这看起来似乎更简单，但哲学内涵可能更为深刻和准确。

就像柳亦春认为惯常性的理解掩盖了"基本问题"以及"价值与意义"，海德格尔也认为我们日常生活是不真实的，因为它用常识性的理解与意图回避了对"物"其他未曾被揭示的可能性的追索。

比如我们自己也是一个物，我们可能整日忙于做建筑师、教师、程序员、快递员，但是却会忘记去追问为何要做这些事情，我们是否有勇气去做其他我们更希望自己去做的事情。在正常的生活运转中，我们习惯了一个水壶就是一个水壶，一把锤子就是一把锤子，一部计算机就是一部计算机，一个小便斗就是一个小便斗，它们不再是真正的物，而只是单一的工具。只有当它们坏掉了，无法再作为工具被融入生活运转中时，一种转化发生了，我们开始不以工具的眼光去看待它们，这时就有可能让其他之前被忽视的意义浮现出来。杜尚的喷泉显然是一个这样的例子，德·基里科所描绘的停滞的街道也是这样的例子。

至此，我们可以最终回答在文章一开始所提出的问题。台州当代美术馆、罗西的公墓、德里达的话以及德·基里科的画所共同关注的是什么东西？这种东西何以能给我们带来深深的触动？我们的回答是：它们所关注的都是一个特殊的场景——当生活被悬置的场景。这体现在广场与街道的空旷与凝滞，体现在摩德纳死者的城市，体现在被废弃的房屋以及废墟的骨架之中。就像德里达所说的，我们仍然可以从这些地方看到意义和文化，但是这种"意义与文化"已经被悬置起来，这将使得我们跳出日常生活不真实的忙碌，以反思性的眼光去重新看待这些"意义与文化"的价值与本质，去衡量我们的得到与失去。

这种悬置，与柳亦春所谈论的架构和"即物性"有类似的机制。它们都是通过创造一种不同寻常的场景，让我们去除和剥离常规的意义与解释，以另外的视角去感受本质，再将这种感受重新注入经过"去重"和"即物"处理的建筑现象中。这或许就是柳亦春所说"回到类型化、基本化，这是一个即物的过程，而非类型化、个性化、场所化，是要素的具体化过程"[17]。这指代了他的设计方法，从具体到本体，然后再回到具体。只是需要注意，这里的具体与本体都与常规理解不同，它们指代架构与即物过程的特殊时刻而不是特定的实体。在这种理解之下，我们可以将广场、将罗马风、将连续拱顶、将建造的错误等不同的元素放在同一体系之下。它们都希望通过各自的方式促使我们对事物（包括我们自己的）本质性意义进行更深刻的反思。能够进行这样的反思是人区别于其他存在之物的地方[7]。如果你认同海德格尔的这个观点，那就会接受柳亦春所提供的建筑启迪，也就会被他的建筑所触动。不管这种触动的来源是出自《营造法式》还是《新千年文学备忘录》，是来自五台山佛光寺还是拜占庭小教堂。对于认同本质的人来说，存在的问题都是同样的。如果你认为这些问题还具有意义，那么就会严肃地对待任何一个试图寻找解答的人或作品。

关注人们对台州美术馆的反应会是一个有趣的事情，毕竟这是一个十分独特的建筑。这或许会类似于看不同的人对罗马风建筑的不同评价。维奥莱·勒·杜克嘲讽罗马风时代的建筑是僧侣的艺术，但是密斯·凡·德·罗却写道："在平静的罗马风修道院墙后，孤独僧侣们的讨论中，或许能发现今天一切的终极原因"[18]。

在我看来，这些墙后絮语仍然值得聆听。

注释：

[1]　关于罗马风建筑中拱的复杂运用，参见 Armi C E. Design and construction in Romanesque Architecture: first Romanesque Architecture and the pointed Arch in Burgandy and Northern Italy[M]. Cambridge: Cambridge University Press, 2004.

[2]　参见 McCarter R. Louis I. Kahn[M]. New York: Phaidon, 2005: 132.

[3]　参见柳亦春. 结构为何? [J]. 建筑师，2015 (2-9): 47.

[4]　关于海德格尔对 place 与 space 相互关系的经典阐释，参见 Heidegger M. Basic Writings[M]. London: Routledge, 1993: 356.

[5]　参见 Panofsky E. Gothic Architecture and Scholasticism [M]. New York: New American Library, 1976: 43.

[6]　参见 Flint A. Modern Man: The Life of Le Corbusier, Architect of Tomorrow[M]. Boston: New Harvest, 2014: 140.

[7]　参见 Heidegger M. Being and Time[M]. Macquarrie J, Robinson E, 译. London: SCM Press, 1962: 32.

参考文献：

1　Rossi A. The architecture of the city[M]. London: Published for the Graham Foundation for Advanced Studies in the Fine Arts and the Institute for Architecture and Urban Studies by MIT, 1982: 3.

2　Rossi A. A Scientific Autobiography[M]. London: Published for the Graham Foundation for Advanced Studies in the Fine Arts, Chicago, Illinois, and the Institute for Architecture and Urban Studies, New York by the MIT Press, 1981: 15.

3　Ibid.

4　柳亦春. 介入场所的结构: 龙美术馆西岸馆的设计思考 [J]. 建筑学报，2014 (6): 37.

5　柳亦春. 结构为何? [J]. 建筑师，2015 (2-9): 45.

6　柳亦春. 结构为何? [J]. 建筑师，2015 (2-9): 47.

7　柳亦春. 介入场所的结构: 龙美术馆西岸馆的设计思考 [J]. 建筑学报，2014 (6): 36.

8　Ibid.

9　柳亦春. 台基、柱梁与屋顶: 从即物性的视角看佛光寺建筑的 3 个要素 [J]. 建筑学报，2018 (9): 16.

10　Armi C E. Design and Construction in Romanesque Architecture: first Romanesque Architecture and the pointed Arch in Burgandy and Northern Italy[M]. Cambridge: Cambridge University Press, 2004: 7.

11　Panofsky E. Gothic Architecture and Scholasticism [M]. New York: New American Library, 1976: 43.

12　Ibid.

13　Pascal B, Jerram C S. Thoughts[M]. [S.l.]: Methuen, 1928: Section2, Thought 140.

14　Young J. Heidegger's Later Philosophy[M]. Cambridge: Cambridge University Press, 2002: 60.

15　柳亦春. 台基、柱梁与屋顶: 从即物性的视角看佛光寺建筑的 3 个要素 [J]. 建筑学报，2018 (9): 15.

16　Ibid.

17　Ibid.

18　Neumeyer F. The Artless Word: Mies van der Rohe on the Building Art [M]. Jarzombek M 译. London: MIT Press, 1991: 326.

图书在版编目（CIP）数据

飞翔的代达罗斯 =The Flying Daedalus / 青锋著.
—北京：中国建筑工业出版社，2020.11
（现当代建筑评论与研究丛书）
ISBN 978-7-112-25377-7

Ⅰ.①飞… Ⅱ.①青… Ⅲ.①建筑艺术－艺术评论－
中国－现代 Ⅳ.① TU-862

中国版本图书馆 CIP 数据核字（2020）第 152231 号

责任编辑：易　娜
书籍设计：张悟静
责任校对：王　烨

现当代建筑评论与研究丛书

飞翔的代达罗斯
The Flying Daedalus

青锋　著
*
中国建筑工业出版社出版、发行（北京海淀三里河路9号）
各地新华书店、建筑书店经销
北京锋尚制版有限公司制版
北京富诚彩色印刷有限公司印刷
*
开本：787毫米×960毫米　1/16　印张：16¾　字数：233千字
2021年1月第一版　　2021年1月第一次印刷
定价：158.00元
ISBN 978-7-112-25377-7
　　　（36365）